Hanspeter Reiter

Allein erfolgreich – Akquise einfach so nebenbei

Verkaufen, Marketing und PR für Berater, Freelancer und Trainer

BusinessVillage
Update your Knowledge!

Hanspeter Reiter

Allein erfolgreich – Akquise einfach so nebenbei
Verkaufen, Marketing und PR für Berater, Freelancer und Trainer
Göttingen: BusinessVillage, 2009
ISBN 978-3-86980-003-5

Bezugs- und Verlagsanschrift

BusinessVillage GmbH
Reinhäuser Landstraße 22
37083 Göttingen

Telefon: +49 (0)551 2099-100
Fax: +49 (0)551 2099-105
E-Mail: info@businessvillage.de
Web: www.businessvillage.de

Coverillustration

mediasolutions – lebendige medien
www.media-solutions.info

Layout und Satz

Sabine Kempke

Bestellnummern

PDF-eBook Bestellnummer EB-776
Druckausgabe Bestellnummer PB-776
ISBN 978-3-86980-003-5

Über den Autor

Hanspeter Reiter ist einer der hidden champions spezieller Vorgehensweisen im Marketing, die auch in „Massen“ eher unterschwellig wirken. Dazu gehört der sorgsame Einsatz des Telefons wie auch des persönlichen Verkaufens – oder das Netzwerken in vielerlei Form.

Die Basis dafür hat er breitflächig angelegt: Auf ein Studium der Sprachwissenschaft, Phonetik und sprachliche Kommunikation an der LMU München (M.A.) folgte eine Weiterbildung zum Werbewirt BAW. Vielerlei Zusatzausbildungen wie NLP (Neurolinguistisches Programmieren) und Auftritte auf diversen Bühnen (management circle, Akademie des Deutschen Buchhandels …) vereint er verschiedene Funktionen in seiner Person, um so glaubhaft und wirksam den Transfer seines Know-hows und seiner Expertise zu erreichen: Autor, Trainer, Berater, Interim-Manager – und Unternehmen. Mit eigener Vertriebsagentur, die per Telefonmarketing und Außendienst Nischen-KMUs (Kleine und mittlere Unternehmen) unterstützt. SALE Dialog Center GmbH ist zugleich „Testlabor“ für viele Aktionen und heute auch Versandbuchhandlung, die mithilfe freier Mitarbeiter höchstpreisige Medien an den Mann bringt, etwa bibliophile Editionen für einige tausend EURO. Ein Metier, das er mit dem Vertrieb von abstrakten Dienstleistungen für gut vergleichbar hält, was die Herausforderungen in der Aqkuise angeht …

Er unterstützt Marketing-Nachwuchs als Prüfer „Kaufleute für Marketingkommunikation“ der Industrie- und Handelskammer München und Oberbayern. Als ehrenamtlicher Sprecher eines führenden Weiterbildungsverbandes erlebt er quasi täglich, wo Trainer, Berater und Freelancer der Schuh drückt. Weitere Details über Hanspeter Reiter finden Interessierte auf www.xing.de und auf www.yasni.de – einfach Profil aufrufen!

Kontaktdaten

Hanspeter Reiter Medienconsulting
E-Mail: reiterbdw@aol.com
Web: www.reiter-medienconsulting.de

Einführung

Wer erfolgreich als Trainer, Berater, Freelancer in Werbung, IT und anderswo unterwegs ist, hat häufig einen Horror davor, Aufträge an Land ziehen, neue Kunden „kalt akquirieren“ zu sollen. Deshalb sind Vermittlungs-Plattformen recht erfolgreich im Markt und verdienen in aller Regel zweimal: Zunächst beim Aufnehmen eines „Kandidaten“ oder Auftragsuchenden, als Erfassungsgebühr oder monatlicher Abo-Rate für den Platz auf dem Portal. Und dann erneut, sobald sich Erfolge einstellen, nämlich eine Provision vom erreichten Umsatz. Meist geht vom Honorar des Externen auf diese Weise ein erklecklicher Anteil verloren, der deutlich über den – nach Marktstudien und Befragungen – cirka fünf bis acht Prozent Marketing-Budget liegt, das kalkuliert wird. Neben dieser pekuniären gibt es noch die Sicht des Arbeitseinsatzes: Nach einer Untersuchung des Verlags managerSeminare (veröffentlicht in Seminare 2009) setzen zum Beispiel Trainer fast 15 Prozent ihrer Zeit für Akquise ein – also ein volles Siebtel: Jede siebte Arbeitsstunde ist Investition ins Neugeschäft, im Durchschnitt!

Woran liegt es nun, dass – abgesehen von Vertriebsleuten, also Verkaufstrainern, Marketing- und Vertriebsberatern oder freien Außendienstlern und Handelsvertretern – das Gros unserer Kollegen eine Abscheu davor entwickelt, sich selbst zu verkaufen, Abnehmer für die eigene Dienstleistung zu finden? Das hat vielleicht auch damit zu tun, dass in Mitteleuropa Verkäufer ein weitaus schwächeres Standing haben als anderswo. Der „Sales-Rep“ ist etwa im angloamerikanischen Raum, vor allem in den USA und Kanada, oder auch in Südeuropa hoch angesehen! Dazu kommt, dass für viele deutschsprachige Mitteleuropäer „Sales“ so etwas wie eine Blackbox darstellt. Etwas Geheimnisvolles, von dem „man“ weiß, dass es viel erfordert, doch was genau? Und bevor aus dieser Blackbox eine „Büchse der Pandora“ wird, aus der Unheilvolles entweicht, sobald sie geöffnet wird, lassen wir die Box lieber schön verschlossen ☺ …

Ein anderer Aspekt mag sein, wie der Einzelne „gestrickt“ ist: Persönlichkeits-Typologien geben ein Hinweis auf Extraversion und Beziehungs-Orientierung. Verhaltenstrainer und andere Externe kennen diese Systeme wie zum Beispiel DISG (DISC, Persolog als Weiterentwicklung), HBDI, Insights oder MBTI. Mit diesen Systemen gewinnen Menschen ein klareres Bild vom eigenen Verhalten und von ihrer Reaktion auf das Verhalten anderer – weil sie andere Personen entsprechend rascher einschätzen können.

Typische Verkäufer sind jene Personen, bei denen Extraversion (= Außen-Orientierung) stärker ausgeprägt ist als Introversion (= Innen-Orientierung) und zugleich Beziehungs-Orientierung stärker als Sach-Orientierung. Das ist, wohl gemerkt, keinerlei Bewertung! Tatsache ist, dass sich derart ausgerichtete Menschen leichter tun, andere von ihrem Angebot zu überzeugen. Dazu gehören alle, die bei Events oder in der Bahn kaum erwarten können, den Nachbarn anzusprechen. Dazu gehören auch jene Menschen, die mit Freude jeden

Flohmarkt nutzen, den sie entdecken. Menschen kennen lernen ist sozusagen täglich Brot für „Sales-Reps“ und Konsorten. Und wenn Sie zu denen eher weniger gehören? Sie werden staunen, auch für unsereins gibt es Wege, an Aufträge ran zu kommen, einfach so nebenbei! Hindernisse gibt es allerdings zu überwinden:

Gelegentlich verfallen wir einer Negativspirale und landen in einer „Denkrinne“, die da lautet: Kaltaquise ist etwas Schauderhaftes, das möglichst zu vermeiden ist. Dabei hört sich „neue Kontakte aufbauen“ oder „neue Kunden gewinnen“ schon viel freundlicher an – das Wording macht eine Menge aus! Dennoch, diese Scheuklappen, etwas Unangenehmes („Kaltakquise“) auf jeden Fall vermeiden zu wollen, hindern uns gelegentlich, an viele andere Chancen zu denken, die jenseits (völlig) neuer Kontakte bestehen, seien Sie Trainer, Berater oder Freelancer im Projektgeschäft:

- **Kundenzufriedenheit erhöhen**

Wissen Ihre Kunden eigentlich, was alles Sie anzubieten haben? Käme es dem einen oder anderen Auftraggeber entgegen, von Ihnen mehr als bisher zu erhalten statt sich anderweitig bedienen zu müssen? Das gilt natürlich nur dann, wenn Ihr Kunde mit Ihrer bisherigen Leistung sehr zufrieden ist – besser: Mehr erhält als erwartet. Das ist etwas, was Sie „einfach so nebenbei“ tun können: Ein Sahnehäubchen oben drauf. Zum Beispiel ein Transfer-Telefonat mit den Teilnehmern Ihres Seminars nach sechs Wochen; eine Checkliste zur Ergänzung Ihrer Beratung; eine Aufschlüsselung der Projekt-Nacharbeiten fürs Folgejahr – all das zusätzlich zum Vereinbarten. Sie haben die Erwartungen Ihres Kunden erfüllt, jetzt kommt die „Extrameile“ ... – Was fällt Ihnen zur Kundenzufriedenheit zu IHREN Themen, Kompetenzen, Expertisen ein?

- **Leistungs-Portfolio innerhalb des bestehenden Rahmens erweitern**

Sie sind Spezialist für Marketing, SAP-Software, Automotive? Womit auch immer Sie konkret „unterwegs“ sind, überlegen Sie, was Sie innerhalb Ihrer speziellen Expertise zusätzlich ausweisen können. Das kann Ihre Funktion sein; viele Berater sind heute auch als Interim Manager unterwegs – auch ein Freelancer und ein Trainer können „auf Zeit“ in die Verantwortung gehen, dass das Erarbeitete auch in die Praxis umgesetzt wird, als externe Führungskraft. Ein Trainer oder Berater im Marketing kann überlegen, als „spitzere“ Leistung Telefonmarketing- oder Außendienst-Optimierung anzubieten oder daran denken, dass letztlich auch Kundenservice dazu gehört und ein Seminar dafür ausarbeiten, mit geringem Aufwand. – Was fällt Ihnen zur Ausweitung Ihrer Leistung zu IHREN Themen, Kompetenzen, Expertisen ein?

- **Diversifizierung Ihres „Programms“ in andere Bereiche**

Wer Automotive „kann“ und Projekte bei einem Hersteller und/oder Zulieferern betreut, ist wahrscheinlich auch in der Lage, für die Händler der Marke tätig zu werden. SAP bietet inzwischen auch CRM und ist damit Thema für den Vertrieb – schon werden Sie für Kollegen Ihres bisherigen Kunden im selben Unternehmen interessant. Und was machen Sie aus der großen Überschrift „Marketing“? Key-account-Management oder Vertriebscontrolling sind Themen, wie sie in Zeiten schwierigen Absatzes gerne aufgegriffen werden.

– Was fällt Ihnen an Diversifizierung zu **Ihren** Themen, Kompetenzen, Expertisen ein?

Die „Lebenszeit“ Ihrer Kunden verlängern
Je länger Sie mit einem Kunden in Geschäftsbeziehung bleiben, desto wertvoller ist dieser Kunde für Sie. Voraus gesetzt, Sie haben eine Vereinbarung, die Ihnen eine lukrative Gegenleistung sichert … Beim Betrachten des „Customer Lifetime-Value“ (CLTV) unterscheiden die Fachleute verschiedene Phasen, die mehr oder weniger Investition benötigen und mehr oder weniger Deckungsbeitrag bedeuten. „Question Marks“ sind Produkte – oder hier Kunden – in der Einführungs- beziehungsweise Anfangsphase, beim „Launch“: Hohe Investitionen sind erforderlich, der Rückfluss hält sich noch in Grenzen, etwa weil Sie zunächst nur für einige wenige Tage gebucht werden. Interessanter sind die „Stars“: Nun sind Sie gut eingeführt, die Kundenbeziehung besteht bereits, weitere Aufträge folgen. Am erfreulichsten ist die „cash cow“: Sie haben eine exzellente Beziehung zu einem Kunden, die Sie über Jahre sorgsam aufgebaut haben; nun können Sie ernten!

Dazu gehört, dass Sie im Unternehmen gut vernetzt sind, also Ihre Ansprechpartner kennen. Sie wissen, wie die Leute „ticken“, was zur Unternehmenskultur gehört und sparen so viel Verhandlungszeit. Ihre Seminare, Projektdatenblätter oder Checklisten haben Sie aufbereitet und immer zur Hand – also gibt es nurmehr wenig Vorbereitungs- und Nacharbeit-Zeiten. Wird im weiteren Verlauf ein „poor dog“ daraus, sollten Sie überlegen, wie Sie durch Diversifizierung oder auch Erweitern Ihres Leistungsportfolios die Lebenszeit dieser Kundenbeziehung verlängern können. Vielleicht braucht es schlicht mal etwas mehr Beziehungspflege, etwa durch Einladung zu einem Branchen-Event, Überreichen eines sinnvollen Geschenkes (ein Buch, vielleicht sogar von Ihnen geschrieben? Ein Rückblick auf zehn Jahre Zusammenarbeit in Bildern? Ein Gratis-Workshop mit ausgewählten Teilnehmern des Unternehmens mit Zukunftsplanung?). So entsteht ein Re-Launch … – Was fällt Ihnen zur „Lebenszeitverlängerung“ zu **Ihren** Themen, Kompetenzen, Expertisen ein?

Diese „opportunities“ werden Sie im Verlauf des Buches wieder finden, Sie gehen nicht verloren! Apropos „opportunities“: Lassen Sie uns einen kurzen Blick auf die SWOT-Analyse werfen! Sie kennen sie? Prima! Sie haben sie bereits angewandt? Noch besser! Dann prüfen Sie den aktuellen Status Ihrer Akquise – erst recht natürlich, wenn SWOT für Sie noch ein „böhmische Dorf“ sein sollte!

SWOT-Analyse

S trenghts (Stärken)	**W** eaknesses (Schwächen)
O pportunities (Chancen)	**T** hreats (Risiken)

Abbildung 1: SWOT-Analyse

Wenn Sie dieses Tool für sich nutzen wollen, gehen Sie am besten so vor:

1. Tragen Sie in die vier Quadranten ein, was Ihnen einfällt – jetzt spontan.
2. Blättern Sie gelegentlich zurück oder nehmen sich ein bestimmtes Datum vor, an dem Sie erneut rangehen: Ändern Sie, ergänzen Sie.
3. Sprechen Sie mit einer Person Ihres Vertrauens darüber: Kollege, Partner, Coach. Ergänzen Sie Ihr Selbstbild durch das Fremdbild!
4. Nun geht es an die Konsequenzen daraus: Nutzen Sie Ihre Stärken, etwa in der „Akquise einfach nebenbei". Arbeiten Sie an den Schwächen – zum Beispiel ganz einfach, indem Sie sich diese bewusst machen und vermeiden, in eine „Schwächefalle" zu treten – indem Sie Kaltakquise per Telefon betreiben, obwohl Sie das hassen „wie die Pest" (Folge: Misserfolge!). Planen Sie Gegenmaßnahmen, was Ihre Risiken angeht: Vermeiden Sie zum Beispiel Auftragslöcher, darauf kommen wir gleich noch. Vor allen Dingen: Schnappen Sie sich den Inhalt Ihres Quadranten links unten und nutzen Sie sie, Ihre Chancen!

Was steht dort? Zum Beispiel „Mitglied im ABC-Verband" – dann gehen Sie endlich zu Veranstaltungen des ABC-Verbandes in Ihrer Region, tragen Ihre Visitenkarte auf der Verbands-Website ein – und die Mitgliedschaft auf der Ihren! Oder vielleicht steht dort „neu in der Region XYZ nach Umzug", was Sie hoffentlich eher als Chance sehen denn als Risiko – dann fragen Sie bei der Gemeinde nach Möglichkeiten, sich als Externer zu präsentieren, sei es in Vereinen, am Schwarzen Brett, im Rundbrief: Sie müssen sowieso auf eines der Ämter, um sich persönlich anzumelden und vielleicht auch ein Gewerbe. Alles Dinge, die „einfach so nebenbei" gehen, Sie müssen nur 1. daran denken und 2. es auch tun!

Und ich wiederhole: Machen Sie sich Ihre Schwächen zwar bewusst, damit Sie (besser) damit umgehen können. Vermeiden Sie um Himmels willen, täglich daran zu arbeiten. Es könnte sein, dass Sie damit eine Negativspirale starten. Vielmehr geht es darum, aus dem weiten Feld möglicher Akquisechancen jene zu filtern, die für Sie gut geeignet sind. Denn natürlich gibt es unterschiedliche Gründe dafür, dass viele Externe eher zurück haltend sind, wenn´s um die Akquise geht. Je nach dem empfiehlt es sich, aus vielerlei Vorgehensweisen jene zu wählen, die für die individuelle Konstellation am besten passen:

? Reden Sie weniger gerne über Ihre eigene exzellente Leistung
→ lassen Sie „Dritte" über sich sprechen!

? Wollen Sie vermeiden, sich selbst anzudienen „wie sauer Bier"
→ berichten Sie über Inhalte statt über sich als Person!

? Fehlt Ihnen schlicht das Budget, in Akquise zu investieren
→ Wählen Sie Vorgehensweisen, bei denen Sie zwar Zeit einsetzen, doch kein Geld – oder zumindest: wenig Geld!

? Fehlt Ihnen die Zeit, jedenfalls subjektiv
→ Überlegen Sie zunächst, wie viel Geld Sie bereit wären, einzusetzen – und planen dann konkrete Maßnahmen!

? Sie haben schlicht keine Lust, weil eine Abneigung, eher undefiniert
→ Diverse Ansätze zu den obigen Punkten treffen genau auf „keine Lust, weil sonst eh nur Frust" zu!

Welche Punkte kommen Ihnen bekannt vor? Womit und wobei kann ich Sie als „Einzelkämpfer" abholen? Gehen Sie in sich und überlegen Sie selbstkritisch, welcher KBF Sie eigentlich längst hätte zum Handeln bringen sollen. KBF? Die „Kittelbrennfaktoren" hat zum Beispiel der bekannte Speaker Edgar Geffroy gerne ins Spiel gebracht. Andere Autoren sprechen auch von „crucial moments" oder von „Kritischen Erfolgs-Faktoren" (KEF). Wer gar in einer Auftrags- oder Umsatz-„Krise" angelangt ist, sollte spätestens jetzt handeln – ein guter Ansatz! Denn das chinesische Schriftzeichen für „Krise" zeigt uns sehr schön, dass darin zwar ein Risiko liegt – zugleich auch eine Chance: Aus Teilen eben dieser beiden Schriftzeichen ist jenes für „Krise" nämlich zusammen gesetzt! Ich empfehle Ihnen, sich mental auf die Chancen zu konzentrieren. Ausschau zu halten nach guten Gelegenheiten, einfach so nebenbei an Aufträge zu kommen: wie von selbst! Hier finden Sie ein volles Dutzend Vorschläge, die Sie realisieren können, unabhängig von Zeit, Geld und Grad an Extraversion!

Die Übersicht zu Ihrer Vorab-Orientierung:

Erfolgsgesetz 1	So vermeiden Sie Auftragslöcher
Erfolgsgesetz 2	Entdecken und entdecken lassen: Die Jagd nach dem Kunden im Web (oder lassen Sie sich finden!)
Erfolgsgesetz 3	Prioritäten setzen durch Selbst- und Zeitmanagement
Erfolgsgesetz 4	Die Angst vor der Akquise akzeptieren und in positive Energie übersetzen
Erfolgsgesetz 5	Geben und geben lassen (statt geben und nehmen)
Erfolgsgesetz 6	Texte auf den Punkt gebracht
Erfolgsgesetz 7	Empfehlungen: Wer hat, dem wird gegeben
Erfolgsgesetz 8	Events: das können Sie doch am besten!
Erfolgsgesetz 9	Haptik verkauft für Sie: So machen Sie Ihre abstrakte Leistung "be-greifbar"
Erfolgsgesetz 10	Sie nutzen Ihr Telefon zielgerichtet als integriertes Instrument!
Erfolgsgesetz 11	Gelassen loslassen können
Erfolgsgesetz 12	Sprengen Sie Grenzen!

Abbildung 2: Zwölf Erfolgsgesetze für Einzelkämpfer-Akquise

Die Übersicht zu Ihrer Vorab-Orientierung:

Viele der Zwischenüberschriften zeigen Ihnen die klare Tendenz, „wohin es geht“: Weg vom klassischen „Push-Marketing“ hin zum „Pull-Marketing“: Lassen Sie einen angenehmen Sog entstehen, mit dem Sie jene Kunden an- (sich) ziehen, die Sie gerne haben möchten. Statt Ihre Leistung in den Markt hinein zu „drücken“, machen Sie sich auf eine Weise bemerkbar, dass Ihre potenziellen Kunden gar nicht anders können, als auf Sie aufmerksam zu werden. Auch dies funktioniert allerdings nur dann, wenn Sie selbst aktiv werden, „von nichts kommt nichts“ und „wer hat, dem wird gegeben“! Besuchen Sie den „Markt der Möglichkeiten“, wählen Sie aus einem reich gedeckten Büffee Ihr leckeres Menü, fächern Sie auf, wie Sie das wollen. Die Beispiele dienen dazu, Sie in die Praxis mitzunehmen – und als Vorschlag, den Sie 1:1 übernehmen können, wenn er zu Ihnen passt und zu Ihrer beruflichen Situation. Oder Sie übertragen das mögliche Geschehen ähnlich auf Ihr persönliches Erleben: Der Unterschied liegt in der Art und Weise, wie Sie an Ihre „Akquise einfach so nebenbei“ heran gehen. Ob, wann und wie Sie das tun, das liegt ganz bei Ihnen:

Entscheiden Sie nun, womit Sie starten wollen – einfach direkt ansteuern! Oder Sie lesen den kompletten Inhalt von vorne bis hinten, merken besonders interessante Punkte an (per Marker, Post-it oder Eselsohr, je nach Ihrem Nutzer-Typus) – oder bleiben an einem Aspekt hängen, den Sie sofort umsetzen möchten. Spätestens nach Ende der Lektüre gehen Sie gezielt in jene Kapitel, mit denen Sie dann arbeiten wollen – viel Erfolg dabei!

Bedenken Sie bei allen Ihren Aktivitäten, Ihr Ziel sollte es sein, wertvolle Kunden zu gewinnen, diese zu begeistern und mit ihnen eine dauerhafte Verbindung zu schaffen – wie gefällt Ihnen das?

Dabei begleiten Sie Kollegen „wie aus dem wirklichen Leben“: In jedem Kapitel ein Fallbeispiel, kurz angerissen zum Start und mit einem abschließenden Ausblick, was die jeweilige Person aus den Inhalten des Kapitels für sich gemacht hat – also: gemacht haben könnte. Vielleicht erkennen Sie sich in der einen oder anderen Situation wieder?

Erfolgsgesetz 1: Vermeiden Sie Auftragslöcher

Beispiel: „Bin doch gut ausgelastet“
Sonja Klatsch (Name geändert) ist Beraterin, Coach und Projektmanagerin im Bereich Human Relations (HR). Das bedeutet, sie unterstützt Firmen in der Personalverwaltung und Personalentwicklung. Konkret setzt sie ihr Know-how aus Arbeitsrecht und Personalführung in freier Mitarbeit ein, das sie früher als angestellte Personalleiterin angewandt und weiter entwickelt hat. Ihre Aufgaben erledigt sie tageweise im jeweiligen Unternehmen, neue Projekte erhält sie durch Mundpropaganda aufgrund ihrer reichlich vorhandenen Kontakte. Deshalb hat sie sich bisher kaum Gedanken gemacht, weitere Kunden gewinnen zu sollen. Das ändert sich, als sie bemerkt, dass ihr größter Kunde schwächelt: Ihre Themen dort sind nun Outplacement statt vorher Personalsuche ... Nach wie vor ist sie dort wie bei den anderen Auftraggebern allerdings stark eingespannt, sodass ihr wenig bis keine Zeit bleibt, aktiv in die Akquise zu gehen. Finanziell geht es ihr gut, ein Marketing-Budget wiederum existiert nicht – und freie Mittel ebenfalls nur begrenzt. Was tun, fragt sich Sonja Klatsch – und auch ihre gute Freundin Regina Müller (Name geändert). Die ist selbst als Coach von Führungskräften unterwegs und ebenfalls eher der Typ „Akquise geht auch ohne mich“. Nun, mal sehen, was dieses Kapitel für die beiden Damen in Aussicht stellt.

Clevere Kontaktpflege hilft am besten, Auftragslöcher vermeiden

Mit den Kunden „leben“: Tante Emma und der clevere Herr Müller
Sie kennen noch den guten alten „Tante-Emma-Laden“? Der kleine Händler an der Ecke mit dem Gemischtwarensortiment, bei dem es mehr gab als nur die Ware: Das Schwätzchen, heute Smalltalk genannt. Das Neueste aus dem Viertel – und eine exzellente Beziehungspflege: Tante Emma und Onkel Otto wussten um die besonderen Geschmäcker ihrer Kunden und hielten das bereit, das immer wieder nachgefragt wurde – eine frühe Form der „Kundenkarte“, vor der sich der „gläserne Verbraucher“ heute fürchtet ... Komisch, damals fühlten wir uns nicht durchleuchtet, wenn Tante Emma fragte, ob denn der übliche Kaffee noch dazu dürfe?! Selbst im späteren Supermarkt wurde manche Beziehung aufgebaut, an der Kasse nämlich. Meine 83-jährige Mutter geht zum Tengelmann, weil er für ihre alten Füße in Gehweite liegt – und, weil sie eine Kassiererin seit Jahrzehnten kennt. Selbst in der kurzen Zeit, in der die Einkäufe gescannt werden, lässt sich ein Schwätzchen halten, können Informationen ausgetauscht werden ...

Was der Beziehung „business-to-consumer“ gut tut, wird jener bei „business-to-business“ kaum schaden: Der gute alte Großhandels-Vertreter Herr Müller wusste bestens über seine Einkäufer Bescheid: Gratulation zum Geburtstag, vielleicht sogar mit Blumenstrauß oder einer passenden Flasche Wein. Der letzte Urlaub des Kunden wie der Schuleintritt des Jüngsten. Hobbys, Freizeitinteressen und selbst Krankheitsgeschichten durften angesprochen werden. Und wie schaffte Herr Müller das, bei vielen hundert Kunden derartige Details im Kopf zu behalten? In der Regel gar nicht – er hatte Karteikarten, die er vorm Kundenbesuch kurz zu Rate zog. Als der Computer Einzug hielt, wurden Notizen aus wöchentlichen Verkaufsreports gespeichert und mit der Tourenplanung einer Woche mit ausgedruckt: Clever, der Herr Müller! Das wussten auch seine Kunden und fühlten sich dennoch gepauchpinselt – neudeutsch: angenehm gepampert -, wenn der sie als Individuum auf Persönliches ansprach. „Menscheln lassen" hat das ein Verlagskollege von mir vor vielen Jahren so treffend genannt!

„Beziehung aufbauen" lautet das Zauberwort bei Tante Emma wie bei Herrn Müller – und: „Beziehung pflegen", mit den Kunden leben. Wieviel mehr als im Einzel- oder Großhandel oder auch in der Industrie ist das bei Psychologen wichtig, bei denen es ums Menschliche an sich geht – wie auch bei Ärzten oder Juristen, Finanzmaklern oder Steuerberatern. Andere Experten verlieren diese „Allzumenschliche" häufig aus dem Blickfeld, etwa Programmierer, die als inhärent introvertiert gelten, doch auch Berater oder Trainer, gerade wenn sie zu sachlichen Themen wie Controlling oder Personalverwaltung unterwegs sind. Was kann das für Sie in Ihrer Expertenrolle bedeuten, der dafür sorgen möchte, jederzeit ein gut gefülltes Auftragsbuch zu haben? Schon früh kamen Marketingmenschen auf den Trichter, systematisches Vorgehen zu visualisieren – mithilfe eben eines Verkaufstrichters, amerikanisch: Salesfunnel:

Auf der folgenden Seite finden Sie einen 5-Schritt-Verkaufstrichter, der je nach Unternehmen auf bis zu 20 Einzelschritte erweitert sein kann:

Was passiert hier? Je mehr Sie oben in den breiten Trichter hinein geben, desto mehr wird letztlich aus dem schmalen Hals des Trichters heraus kommen. Je mehr Kontakte, Interessenten, Klienten Sie haben, desto gesicherter kommen Aufträge wieder nach. Das belegt das Gesetz der großen Zahl, umgangssprachlich zusammen gefasst als „Wer hat, dem wird gegeben!". Doch was hat das mit Tante Emma und Herrn Müller zu tun? Anfang der 1980-er Jahre passierte im Marketing zweierlei: as in den USA schon lange erfolgreiche Verkaufsinstrument „Telefon" wurde in Deutschland Mode, während in den USA Kundenbeziehung wieder neu „erfunden" wurde, als Customer Relationship Management – das dann in den 1990-er Jahren auch in deutschen Landen mehr und mehr eingesetzt wurde. Darüber wird noch zu sprechen sein …

Schon weit vorher hatten Salespeople hier wie dort erkannt, dass die Zeit der Mangelwirtschaft nach dem II. Weltkrieg überwunden war. Was für Verkäufer – das sind wir letztlich doch alle?! – bedeutete, aus einem Verkäufermarkt (Nachfrage übersteigt Angebot) wurde ein Käufermark: Der Nachfrager konnte aus einem Überangebot wählen. Damit einher ging die Erkenntnis: aha, lasst uns weniger über Produktdetails sprechen – die wurden immer „gleicher". Lasst uns mehr darüber sprechen, was du Kunde davon hast, von mir zu kaufen statt von Herrn Meier oder Frau Schmitt. Noch besser: Lass uns einfach darüber unterhalten, wie´s dir geht … Wer als Rechtsanwalt das

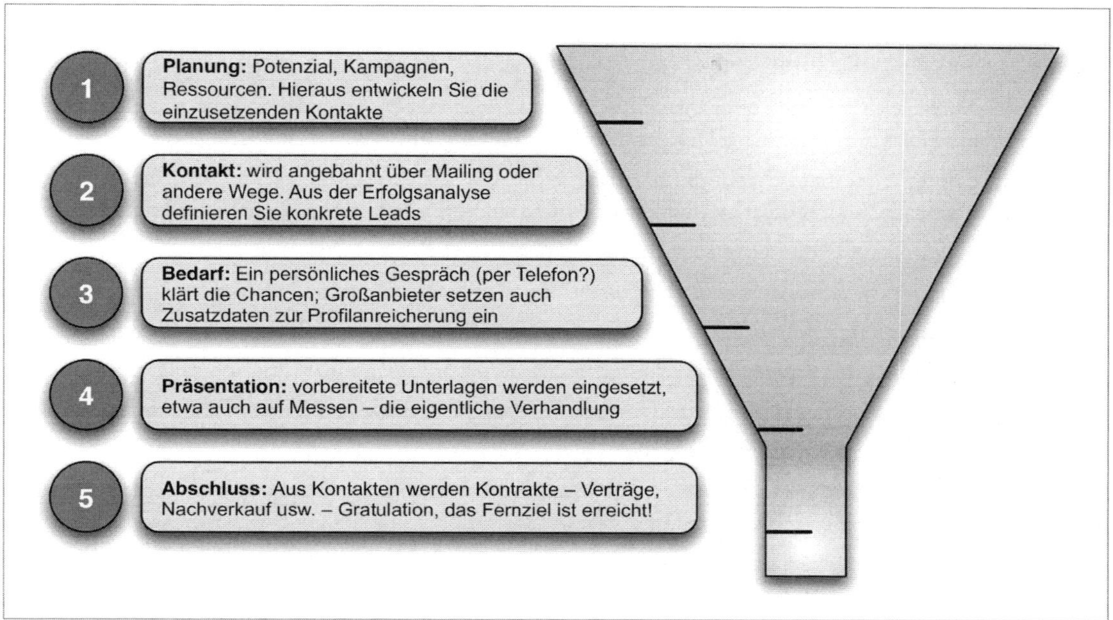

Abbildung 3: 5-Schritt-Verkaufstrichter

Gespräch mit seinen Klienten auch dann sucht, wenn er mit ihm gerade kein Mandat „am Laufen“ hat oder als Finanzmakler an den Geburtstag seiner Kunden nicht nur denkt, sondern zumindest eine Geburtstagskarte oder –Mail schickt – der erfährt jederzeit, wenn ein Auftrag winkt, der sonst vielleicht an anderer Stelle landen würde!

So schließt sich der Kreis und wir sind wieder bei Tante Emma und Herrn Müller angelangt, die alles richtig gemacht hatten, ohne es zu wissen: Sie waren (und sind) „unbewusst kompetent“. Sie haben den Vorteil, sich dieses Wissen und die Erfahrung bewusst machen zu können und Ihr eigenes Verhalten entsprechend zu beeinflussen. Das wird Sie dabei unterstützen, Ihre Kontakte „einfach so nebenbei“ immer im Blick zu haben. Dies noch unabhängig davon, welche Wege Sie vielleicht gehen oder gehen möchten, Kunden zu finden, neue Kontakte zu gewinnen - dafür gibt es unterschiedliche Lösungen. Der eine Freelancer geht den direkten Weg und plant Aktionen gezielt: Wann – die Zeit. Wie viel – das Geld. Wer – die Leute. Der andere Berater konzentriert sich auf seine (Projekt-)Aufträge und wird aktiv, wenn es „nötig“ wird, weil Anschlussaufträge fehlen; dann ist ja Zeit dafür. Auch Sie kennen das vielleicht: Jetzt kann tatsächlich ein „Loch“ entstehen.

Deshalb hält der eine oder andere Trainer Augen und Ohren offen und schnappt sich regelmäßig jeden Kontakt, wie diese halt kommen. Nehmen Sie zum Beispiel eine Bahnfahrt: Sie kommen zufällig mit einem Mitreisenden ins Gespräch – oder auch gewollt, wenn Sie der eher extravertierte Typ sind – etwa aufgrund einer Verspätung, dem besonders guten Service oder eines Buches, das Sie oder die andere Person gerade lesen. Natürlich entscheiden Sie, ob Sie diese Chance zum Gespräch nutzen oder verstreichen lassen wollen: So eine Unterhaltung ist nett und kann (Verspätung!) helfen, sich die Zeit zu vertreiben. Nun ist die Zeit der Trennung gekommen, der Zielbahnhof (jedenfalls einer der beteiligten Personen) ist erreicht. Erneut gibt es mehrere Möglichkeiten. Da ist der höfliche, kurze Abschied, da ist das Versprechen, einander wieder zu sehen (Messe? Häufig aufgesuchter Ort? Rückgabe des spontan verliehenen Buches?). Und die am häufigsten genutzte Chance, schlicht die Visitenkarten zu tauschen: voila!

Kontakte regelmäßig knüpfen, ausbauen und in Kontrakte wandeln: Eine Philosophie, die funktioniert

Wichtig dabei ist (außer mit der Bahn oder mit dem Flieger zu reisen, weil dort einfach die Kontakte häufiger sind als beim Autofahren), alles Relevante wirklich aufzuschnappen und so aufzubereiten, dass „im Fall des Falles" aus einem solchen Kontakt ein Kontrakt werden kann: Sie können eine Chance nur dann wahrnehmen, wenn Sie sie auch tatsächlich – wahr nehmen, sie Ihnen also bewusst wird! Dieses Vorgehen empfiehlt sich, weil es eben ganz einfach nebenbei passieren kann, mit einem minimalen Aufwand:

- Kontakt annehmen – etwa durch Austausch von Visitenkarten
- Kontakt bestätigen – durch eine kurze Gesprächsbestätigung per E-Mail und/oder durch Kontaktaufnahme via Xing oder einem ähnlichen Portal
- Kontakt CRM-en. Was mit diesem „Customer Relationship Management" konkret gemeint ist, dazu kommen wir gleich.

Womit aus dem ersten ABC (annehmen – bestätigen – CRM-Eingabe) ein weiteres ABC entsteht:

- in CRM aufnehmen – das kann auch Xing (*www.xing.de*) oder Pulse sein (*www.plaxo.com*, Ihr virtuelles Adressbuch)
- in CRM bewerten (wofür – Thema; wann, bei welcher Gelegenheit kennen gelernt; mit wem in Verbindung bringen usw.)
- in CRM chronologisieren: Wiedervorlage wann, also konkret datieren oder Frequenz eingeben, etwa „alle drei Monate ansprechen", zu Termin einladen usw.

Ein drittes „ABC" bauen Sie bei der Kundenbewertung ein, indem Sie Kontakte und/oder Kunden nach quantitativen und/oder qualitativen Kriterien ranken:

A-Kunden sind jene mit höchstem Wert: Umsatz mindestens in den letzten zum Beispiel zwei Jahren; Auftrags-Wahrscheinlichkeit sehr hoch; bereits mit allen notwendigen Gesprächspartnern verhandelt. Ihre Kriterien?

B-Kunden liegen deutlich darunter; Messe-Kontakte können dazu zählen oder schlicht alle Interessenten zwischen sechs und zwölf Monaten „Alter". Wen zählen Sie dazu?

C-Kunden sind eher „Hoffnungskunden": Der letzte Auftrag liegt schon zum Beispiel länger als zwei Jahre zurück; sie haben Ihren Newsletter abonniert oder auf Ihr Angebot via Xing positiv reagiert, einen bestimmten Artikel von Ihnen als pdf zu erhalten, ohne nach Erhalt Feedback zu geben. Wer fällt Ihnen dazu ein?

Eine Menge Arbeit, auf den ersten Blick jedenfalls. Wieso soll das nun nebenbei funktionieren? Ganz einfach: Sobald die erste Vorarbeit erledigt ist, kommen aus der Wiedervorlage immer nur kleine Portionen, die Sie durchaus nebenbei bearbeiten können. Es bleibt Ihnen vorbehalten, eine Wiedervorlage zu verschieben – genauso wie das Recht, sich Kontakte früher als geplant heraus zu greifen, weil zum Beispiel ein bestimmtes Thema akut wird, das für diesen Kontakt (aus der oben erwähnten Bahnfahrt) relevant sein könnte. Wenn Sie Ihre Kontakte zudem „taggen“, also mit Finde-Stichwörtern versehen, finden Sie sie über verschiedene Stichworte wieder, über die sie Ihnen in den Sinn kommen, also etwa „Bahn“, „Buch“, „Messe“ und natürlich fachlich relevante Themen.

Wenn Sie sich schlicht vornehmen, in dieser Art mit Ihren Kontakten umzugehen, ist das bereits „CRM als Philosophie“. Sie kennen noch den guten, alten Tante-Emma-Laden? Onkel Erwin und Tante Emma haben CRM gelebt, und zwar völlig unbewusst, weil das zu ihrem Verständnis gehörte, einen Laden an der Ecke zu führen. Zum Einkaufen gehörte das Pläuschchen („Wie geht´s? Schon gehört, dass…?“) genauso wie das Bonbon fürs Kind oder die besondere Kaffeesorte für Frau Oberhuber, die extra für sie (und exklusiv für sie) bestellt und bevorratet wurde. Nun, hier ging es um „btc-Kunden“, also private Endverbraucher, bei Ihnen dagegen sind „btb-Kunden“ angesprochen, also Firmen und deren Entscheider, klar. Das erinnert mich an den guten, alten Vertreter: Außendienstler, die ihre Beziehung zu Sekretärin ABC, Einkäufer XYZ und Abteilungsleiter NMO auch darauf gründeten, einiges an Privatem zu wissen: Geburtsdatum, Familie, Hobby, Urlaub … Festgehalten auf der guten, alten Karteikarte. Und später in der EDV, schließlich im CRM-System. Entscheidend dabei war und ist, dieses Wissen dann auch anzuwenden: Zum Geburtstag die Karte (oder heute auch E-Mail) oder persönlich der Blumenstrauß, die Nachfrage zum Urlaub und den Kindern …

Professionelle Software-Solutions „wer mag“

Tatsächlich gibt es mehr oder weniger aufwendige Software, mit deren Hilfe Sie relevante Daten verwalten können: Cobra bietet auf MSOffice basierende Programme, Grutzeck hat die seinen ursprünglich als Kontakt-Management-Software positioniert, Siebel, PeopleSoft und inzwischen auch SAP bieten sagenhafte Kombinations- und Selektions-Möglichkeiten auch als Leasing mit monatlicher Rate. Eine aktuelle Übersicht bietet (Stand Frühjahr 2009) immer uptodate das Fachmagazin Computerwoche über den Link *www.computerwoche.de/knowledge_center/crm/*: Dort können Sie Ihre gewünschten Kriterien in eine Fragemaske eingeben und erhalten Vorschläge für Sie sinnvoller CRM-Programme zur Auswahl. Denn es gilt das geflügelte Wort „You only should measure, what you can manage!“ – frei übersetzt: Tun Sie sich den „Tort“ von Eingabe, Pflege und Selektion nur dann an, wenn Sie die erfassten Daten auch nutzen wollen und können. Sei es für Mailings, E-Mail-Newsletter, Telefonmarketing, Messe-Einladungen und und und: Der Möglichkeiten sind Legion! Je intensiver Sie einsteigen wollen, damit Sie sich im nächsten Schritt Ihre „Akquise einfach nebenbei" noch leichter machen, desto aufwendiger darf das Programm sein! Doch es geht auch einfacher:

DIY-Lösungen (via Outlook und Excel) und Webtools

„Do-it-yourself" ist auf den ersten Blick aufwendiger – doch wollen Sie sich an Google binden, auf Gedeih und Verderb? Dann managen Sie ab sofort Ihre Kontakte via *www.google.com/mail/help/intl/de/about.html* – das spart Ihnen Ausgaben für Software und viel Speicherplatz auf dem Rechner: Ihre Daten werden extern auf einem Speicher gehostet und sind (hoffentlich) nur für Sie greifbar, über Nutzername und Passwort. Zugriff von überall zu jeder Zeit mit welchem Gerät auch immer – das gilt auch für *www.plaxo.com*: Pulse wirbt damit, Ihr mobiles Notizbuch zu werden. Im Allgemeinen ermöglichen dieses Tools und Communities übrigens, dass Sie bereits registrierte User mit Ihrem Adressbuch abgleichen und gegebenenfalls Ihre Kontakte automatisch in Ihr neues „Adressbuch" übernehmen – so aus AOL, Outlook und anderen.

Sie sind eher vorsichtig, was das Hinterlegen Ihrer Daten und jener Ihrer (wichtigen!) Kontakte „irgendwo im Internet" angeht? Dann wählen Sie Office-Software (oder vergleichbare), mit der Sie Ihre Daten pflegen: Diesen überschaubaren Aufwand haben Sie immer und überall … Excel wie auch Outlook bieten meist genügende Möglichkeiten, erfasste Daten nach Stichworten oder Kategorien zu selektieren und zu sortieren. Natürlich ist Outlook primär ein Mail-Programm und Excel eines für Kalkulationen. Doch wenn Sie sich „Hilfe" oder auch die Begleitbücher anschauen, stoßen Sie auf interessante Informationen. Darüber hinaus gibt es „Legionen" von Ratgebern für beide Programme, die Sie in die Geheimnisse des Kontaktmanagements einführen.

Nutzen Sie social software: Xing & Co.

Natürlich geht das auch via *www.xing.de* oder *www.linkedin.de* – in diesen (und Ähnlichen) Communities sind Sie allerdings davon abhängig, welche Informationen, welche Kommunikationsdaten Ihre Kontakte dort für Sie hinterlegen und freischalten. Portale wie *www.meinvz.de* (für die „Erwachsenen", neben *www.schülervz.de* und *www.studivz.de*), *www.platinnetz.de* (für „50 plus"), *www.wer-kennt-wen.de* (bundesweit vernetzt bleiben, auch nach Umzug …) oder *www.lokalisten.de* (vor Ort stärker vernetzen, nahe Ihrer „Homebase") sind ausschließlich für Ihre privaten Kontakte geeignet. Hier wie dort können Sie häufig für Zugriff über Ihre mobilen Geräte sorgen, ob mit Instant Messenger oder nun wohl „unified communications" diverser Art. – Wenn Sie bei Xing & Co. aktiv werden, empfiehlt es sich, wirklich mitzumachen: Web 2.0 ist das „Mitmach-Web". Das bedeutet, Sie werden Mitglied in für Sie (beruflich) relevanten Gruppen, lesen Artikel in den Foren, antworten darauf und hinterlassen auch im Netz deutlich „Duftmarken". Dies alles im Griff zu behalten, sollten Sie sich relevante Beiträge als RSS-Feed abonnieren, etwa mithilfe von *www.feed-software.de*. (Zum Blogging siehe Entdecken und entdecken lassen – Beispiele für Web 2.0.)

Beim Zeitunglesen „Akquise-Lupe“ einschalten

Bernhard Kuntz empfiehlt in der *Wirtschaft und Weiterbildung* 2009-2 auf 52ff. zum Beispiel dies:

„Die Lokalzeitung gezielt ausschlachten!
Der Inhaber eines Trainings- und Beratungsunternehmens in Baden-Württemberg hat ein ganz einfaches, aber hocheffektives Konzept der Neukundenakquise. Er beschreibt es mit den Worten: „Morgens Kaffeetrinken und die Lokalzeitung lesen.“ Liest der Berater im Wirtschafts- oder Lokalteil der Zeitung zum Beispiel, dass das örtliche Textilkaufhaus eine neue Abteilung eröffnet, dann überlegt er sich, welche Probleme könnten für das Kaufhaus daraus resultieren. Zum Beispiel das Suchen und Integrieren neuer Mitarbeiter oder veränderter Abläufe. Anschließend ruft er dessen Inhaber oder Geschäftsführer an und sagt zu ihm, er habe gelesen, dass sein Unternehmen eine neue Abteilung eröffne. Damit verbunden seien vermutlich folgende Herausforderungen. Ob der Inhaber interessiert sei, sich mal mit ihm zu treffen. Und wenn der Inhaber nicht zu sprechen ist? Dann schreibt der Berater diesem einen Brief ... Jeden Morgen, so der Berater, stünden in seiner Lokalzeitung so viele Anlässe, mit Unternehmen Kontakt aufzunehmen, dass er sich genau überlegen müsse: Will ich dieses Unternehmen überhaupt als Kunden haben?“

Eine komfortable Situation, in der Tat. Jedenfalls dazu anregend, über mögliche Anlässe für Ihr Business nachzudenken, die Sie aus Tageszeitungen erlesen können – Tageszeitung ganz allgemein. Denn Gleiches kann auch für die Lokalzeitung an Ihrem jeweiligen Einsatzort beim Kunden gelten, die Sie meist im Hotel zu lesen kriegen: Was passiert direkt am Ort und darum herum? Firmenjubiläen – Auftragseingang mit Einstellen neuer Mitarbeiter, Sanierung erforderlich, Spende an öffentliche Einrichtung, Geschäftsführer-Wechsel ... Es tut sich was, worauf Sie kurz reagieren können: Gratulation, Nachfrage, Ergänzende Infos Ihrerseits. Also, was ist für Sie relevant? Am besten gleich notieren, um künftig die Zeitung mit anderen Augen zu lesen – übrigens durchaus auch online, wenn Sie von Print schon ins Internet gewechselt sein sollten ...

Und wie ist es mit Ihrem Thema Deutschland weit? Auch die überregionalen Blätter (wie *Frankfurter Allgemeine*, *Süddeutsche* und andere Zeitungen) könnten Ansätze dieser und ähnlicher Art bieten: Gerade in den Sonntags- und Wochenzeitungen (*DIE ZEIT*) sind häufig Interviews mit Unternehmern und Topp-Führungskräften zu finden, die exzellente Ansätze bieten können – wenn Sie mögen! Professionelle Ausschnittdienste wie *www.presswatch.de*, *www.medienbeobachtung.info* oder *www.ausschnitt.de* (siehe auch *www.perlentaucher.de*) kosten viel Geld – und werden heute noch von vielen Unternehmen eingesetzt, relevante Nachrichten zu filtern, auch in Zeiten von Internet und Suchmaschinen. Sie selbst können Suchmaschinen nutzen, um mit wenig Aufwand an Zeit und Geld passende Nachrichten zu finden: Welche Stichwörter sind es, die IHNEN weiter helfen? Zum Beispiel Ihre Region verknüpft mit Ihrer Zielbranche – und danach wählen Sie aus, was Sie näher betrachten möchten.

Zusatzverkäufe nebenbei während des Projekts

Weiter führende Medien zum Thema bietet mancher Trainer erfolgreich an, siehe das Beispiel von Gregor Staub, dem Gedächtnistrainer aus der Schweiz: Fast schon penetrant verspricht er in seinen launigen wie überzeugenden Veranstaltungen mit „Sofort-Erfolg-Übungen", dass erst die Fortsetzung mithilfe seiner Trainings-Audio-Scheiben den Nutzer so richtig voran bringe und ein schnelles Gedächnistraining ermögliche. Im Anschluss an seine Veranstaltungen verkauft er seit Jahren so erfolgreiche seine Audioprogramme, dass er es sich leisten kann sogar teilweise auf sein Vortragshonorar zu verzichten. Sein „Sofort-Kauf-Erfolg" beweist, der Weg ist richtig (*www.gregorstaub.com*)! Haben Sie schon einmal darüber nachgedacht, welche Produkte oder Dienstleistungen Sie bei Ihren Projekten noch verkaufen könnten?

Andere Berater, Programmierer oder Grafiker verkaufen beispielsweise schlicht das nächste Projekt während der Laufzeit des aktuellen mit – oder finden eine weiteres Thema, eventuell für einen Einsatz an anderer Stelle im Unternehmen.

Angenehm ist auch, für ein gleiches (oder Ähnliches) Projekt eine Empfehlung provozieren zu können: „Wer sonst sollte von meinen Diensten profitieren…?" oder „Für wen sonst könnte … auch interessant sein?". Voraussetzung dafür ist, dass Empfehler und Empfohlener in einem nicht konkurrierenden Kollegen-Verhältnis stehen.

Welche Formulierung werden Sie bei nächster Gelegenheit testen?

Analysieren Sie den möglichen Erfolgsgrad

… und konzentrieren Sie Ihre Nebenbei-Akquise auf „best chance". Das bedeutet für Sie, zum Beispiel die „A-Kontakte" anzusprechen (siehe oben CRM) und B sowie C hintan zu stellen. Denn natürlich ist es mental wie organisatorisch einfacher zu realisieren, einige wenige Telefonate oder auch E-Mails zu planen, durchzuführen und nachzufassen als dies mit „zig" oder gar mehreren hundert zu tun, einverstanden? – Wen möchten Sie mit Prio 2 oder Prio 3 zunächst weglegen? Machen Sie sich die Freude, zu entscheiden, wen Sie nicht ansprechen wollen – vorläufig jedenfalls.

Jetzt ist´s passiert, der Anschlussauftrag fehlt – dann: direttissime!

Bei welchem potenziellen Auftraggeber schätzen Sie Ihre Chancen am höchsten ein? Der ist Ihre „Nummer 3". Das meint, Sie sprechen Ihre Wunschkunden einfach direkt an: Mal ein Anruf geht doch nebenbei! So wissen Sie umgehend, ob und wann Sie dort eine Chance haben. Und damit Sie sich beim Gespräch mit Ihrem „Topp-Wunsch-Kandidaten" einfach hundertprozentig sicher sind, optimal zu verhandeln, sprechen Sie zunächst jenen Kontakt an, der für Sie in der Wahrscheinlichkeit eines Auftrags an dritter Stelle steht. Klappt das nicht, dann Nummer 2: Sie fühlen sich weiterhin gut dabei, weil die im Verhältnis geringere Wahrscheinlichkeit sich ja bestätigt hat … Dass Sie dabei weitere Ziele verfolgen sollten, etwa einen sinnvollen Zeitraum eruieren („Dann bin ich also zu früh – wann, meinen Sie, …?"), darauf kommen wir noch. Jetzt wählen Sie schon mal Ihre Kandidaten 1, 2 und 3! Wie gesagt, kontaktieren Sie diese in der Reihenfolge 3 – 2 – 1, damit

Sie bei Ihrem Wunschkandidaten bestens vorbereitet sind und bereits Routine gewonnen haben.

Verfolgen Sie klare Marketingansätze!

Je nach Betrachtung gibt es unterschiedliche viele „Ps", mit deren Hilfe Sie Ihre Leistung im Markt platzieren – zum Beispiel diese 6Ps, die gut für Externe geeignet sind:

1. **P**rodukt – wie ist Ihr Angebot konkret?
2. **P**ositionierung – was ist das Besondere an Ihnen, die Alleinstellung?
3. **P**reis – zu welchen Tages- oder Stundensätzen bieten Sie an usw.
4. **P**romotion – Ihre Werbung, Ihre Medienarbeit
5. **P**räsentation – so stellen Sie Ihre Leistung dar
6. **P**latzierung – der eigentliche Vertrieb.

Bevor Sie „verzweifelt" versuchen, neue Kunden zu generieren und zu Maßnahmen greifen, die Ihnen eigentlich ferne liegen (siehe 6. Platzierung), prüfen Sie andere Vorgehensweisen, die sich aus dem Marketing-Mix ergeben – und zwar über das „Pricing" (siehe 3. Preis):

- Kosten runter: wobei können Sie sparen und so den Druck mindern, mehr Umsatz zu generieren? Mancher Externer macht seine Steuererklärung selbst und spart den Steuerberater – so wie mancher Steuerberater darauf verzichtet, einen Werbefachmann einzusetzen, soweit ihm das standesrechtlich überhaupt erlaubt ist.
- Preise rauf – wie sind Ihre Sätze im Verhältnis zum Wettbewerb, welche Erhöhung „vertragen" Ihre Kunden? Sprechen Sie das Thema konkret an: Selbst wenn Sie bei einem Kunden nur um fünf Prozent erhöhen oder den Stundensatz beibehalten, haben Sie die Bindung jedenfalls erhöht … Zitat eines mir bekannten Verkaufstrainers aus dem Allgäu: „Insofern stehe ich trotz „Krise" sehr stabil, auch weil ich letztes Jahr höhere Honorare durchsetzen konnte." Wenn Sie Ihren Tagessatz beibehalten wollen, informieren Sie Ihre Auftraggeber aktiv darüber: Das ist ein wichtiges Argument, mit dem Sie ihm für mögliche Versuche den Wind aus den Segeln nehmen, Sie wegen einer Reduzierung anzusprechen! Erstmals seit 2005 hat es für IT-Freiberufler keine Erhöhung 2009 gegeben, wie eine Umfrage ergeben hat (*Computerwoche* 10/09, 06. März, Seite 6: „Freiberufler frieren ihre Forderungen ein"): Wer als Entwickler, Trainer, Administrator oder Qualitätssicherer aktiv ist, kann in einer schwereren Zeit dann etwa so argumentieren: *„In den vergangenen Jahren hat es immer eine Anpassung um die fünf Prozent gegeben. Aufgrund der schwierigen Situation für viele Unternehmen verzichte ich dieses Jahr darauf, um Ihnen entgegen zu kommen – zugleich ein Dankeschön für unsere langjährige Zusammenarbeit!"*.
- Bei welchen Kunden zahlen Sie drauf, erzielen also nur geringen Deckungsbeitrag? Ich denke an Extrastunden im Projekt, die Sie aufgrund von Pauschalvereinbarungen nicht verrechnen können. Passiert das bei einem Kunden immer wieder, sollten Sie ernsthaft überlegen, auf diese Umsätze lieber zu verzichten: Er hindert Sie daran, lukrativere Umsätze zu machen! Auch deshalb, weil Sie sich weniger darüber nachdenken, neue Kunden zu gewinnen: Sie sind ja gut ausgelastet … Doch vielleicht könnten Sie einen wirklich lukrativen Neukunden dann ge-

winnen, wenn Sie sich dadurch nicht überlastet fühlen würden?

- Welche weiteren Möglichkeiten fallen Ihnen ein?

Auch für derlei Entscheide benötigen Sie so etwas wie ein CRM-System …

Fazit

Betrachten Sie Ihr CRM-System als die „Seele" Ihrer Sales-Bemühungen, dann bietet es Ihnen eine exzellente Basis, so ganz nebenbei immer wieder auf jene Perlen zu stoßen, die Ihnen sonst entgehen könnten – was schade wäre, oder? Und wenn Sie bedenken, wie viele Tauchgänge erforderlich wären, wenn Sie unsystematisch vorgehen …

… und dank gezielter Kontakpflege kann das auch so bleiben!

Und was Sonja Klatsch für sich aus diesem Kapitel gezogen? Sie und Regina Müller haben sich bei einem entspannten Arbeitsessen klar gemacht, dass sie über viele exzellente Kontakte bereits verfügen. Sie halten diese nur an einer zu langen Leine! Ergo greift Frau Klatsch auf ihre Kontakte in der IT zurück und besorgt sich günstig Lizenzen für ein Standard-CRM-Programm, frei von „Schischi". Innerhalb weniger Wochen haben die beiden so nebenbei ihre Kontakte aus allen möglichen papiernen wie elektronischen Verzeichnissen darin erfasst und bewertet. Nun sprechen sie immer mal wieder nebenbei den einen oder die andere daraus an, wie es ihnen gerade in den Kram passt! Regina Müller verschickt an die ihren die pdf eines Artikels, Sonja Klatsch fragt, ob der Besuch einer Messe geplant sei, auf der auch sie sein wird. Und nun nützen die Damen ihre Arbeitsessen auch dazu, einander aktuell nach dem Stand der Dinge zu befragen.

Interview mit Klaus J. Fink, Spezialist & Top-Speaker Telefonmarketing

Gerade viele freie Experten haben häufig Widerstände, zum Akquirieren ans Telefon zu gehen. Welche Gründe gibt es aus Ihrer Erfahrung eben genau für diese Damen und Herren, den „inneren Schweinehund“ zu überwinden und es doch zu tun?

In der Tat erlebe ich hohe Widerstände gerade bei Freiberuflern: Das Telefon ist nicht gerade deren bester Freund, da ist das Aquaplanning fast schon geplant, ein wenig Augen zwinkernd gesagt … Bei manchen liegt das einer generellen Ablehnung des Telefonierens, andere sind sich „zu fein“, diese Niederungen zu durchschreiten, das Tal der Tränen! Oftmals fehlt es an simplen Sachen wie Standard-Reaktionen auf Fragen, die immer wieder kommen: Vorbereiten auf „worin unterscheiden Sie sich denn nun von den vielen anderen XYZ“ wäre halt angebracht.

Zwei wichtige und hilfreiche Aspekte sehe ich, den „inneren Schweinehund“ besser zu überwinden:

1. *Es fehlt an Zahlen-Transparenz – das lässt sich ändern! Klar, wenn ich vier bis fünf Wählversuche brauche, den gewünschten Kontakt endlich zu erreichen – und danach erst einmal eine Ablehnung die vorherige jagt, kann einen das schon runter ziehen … Meine Empfehlung: Strichliste führen. Und schon ergibt sich quasi automatisch das „Gesetz der großen Zahl“: Je mehr Kontakte ich schaffe, desto wahrscheinlicher wird es, dass der nächste ein Treffer wird – und ich ein Angebot abgeben darf! Wahrscheinlich ist ein Schnitt von wahrscheinlich 1:15 auf den ersten Blick weniger angenehm. Besser deshalb, parallel zur Strichliste mit dem Erfolgserlebnissen einfach die Zeit planen – was zu Tipp 2 führt:*
2. *Einen verpflichtenden Termin mit Kollegen vereinbaren, eine „Telefon-Party“ zu feiern. Es ist doch viel leichter, schwierige Situationen gemeinsam durchzustehen, mit ein oder zwei Kollegen, die ich schätze – da entsteht ein Lerneffekt, Routine stellt sich ein! Verpflichtung und Disziplin sind dabei die Zauberwörter, verbunden mit einem Wettbewerb: Wer die meisten Kontakte zielgerecht schafft, wird von den anderen zum Abendessen eingeladen! Das Ganze muss Spaß machen, gerade in Krisenzeiten: Da braucht es halt ein paar Telefonate mehr, dann klappt´s wieder. Konkreter Vorschlag an Experten: Die Hälfte des Bürotags wird fürs Telefonieren reserviert, ungestört und konzentriert – raus aus der Routine schafft neue Routine, beim Telefonieren nämlich!*

Welche(s) Aha(s) erinnern Sie von Klienten/Teilnehmern, die eventuell motivierend für unsere Leser sein könnten?

Die Sport-Metapher ist meist hilfreich – irgendwas macht doch jeder! Und was geschieht dort? Ein Termin wird fest vereinbart und auch eingehalten. Nach Ankunft folgt das Warmmachen, dann geht´s auf den Platz – action, bis der Flow kommt! Genauso professionell wie Sportler motivieren sich erfolgreiche Freelancer selbst: Hat schon seinen Grund, dass 90 Prozent Sportler auch erfolgreich im Verkauf sein können, wie Studien ergeben haben …

Was ist denn das Besondere am Instrument „Telefon“ in der Akquise? Für welche Situationen speziell empfehlen Sie es?

Also ganz offen: Ein Trainer- oder Beratertag ohne Telefonate – ist das wirklich ein Trainer- oder Berater-Tag? Heute geht das mit Handy doch prima zwischendurch! Ich spreche hier weniger von klassischer Akquise, ich ziele auf KundenBINDUNG, die „Kuschel-Calls“. Ich brauche unterwegs im Auto keine CD, da telefoniere ich: Ich fange Teilnehmer-Stimmen ein, um so ein konkreteres Feedback zu bekommen, zur Kundenzufriedenheit und um meine Programme zu optimieren. Gerade bei Intervall-Maßnahmen nutze ich die Gelegenheit, den Transfer zu verstärken.

Da sind auch die Führungskräfte wichtig, die mit dem eigentlichen Entscheid vielleicht weniger zu tun haben – umso mehr dagegen mit der Umsetzung der Ergebnisse … Und siehe da, was passiert mit solchen Service-Maßnahmen, die wirklich mal so zwischendurch gehen, sogar ohne Vorbereitung? Da kommt quasi automatisch immer wieder zusätzlicher Umsatz bei rum: „Wenn ich Sie gerade dran habe, fällt mir ein – wir brauchen ja noch …“ oder aktiv vonseiten des Anrufers: „Ach ja, erwähnen wollte ich noch, damit Sie auf dem Laufenden sind, was unsere Leistungen angeht: …“. Service schafft Umsatz!

Klaus J. Fink

Telefonakquise, Empfehlungsmarketing, Vertriebsaufbau

www.fink-training.de

Erfolgsgesetz 2: Entdecken und entdecken lassen: Die Jagd nach dem Kunden im Web

(oder: lassen Sie sich finden!)

Beispiel: Liegt das Gute denn so nah?
Birgit Brandis ist im Telefon-Marketing tätig. Das bedeutet, sie betreibt im Grunde Dauer-Akquise, allerdings für Dritte: Termine legen für den Außendienst eines Großhändlers, Monatskäufe abfragen für Hersteller bei Supermärkten, zu Messen einladen. Dabei spricht sie immer mit bestehenden Kunden ihrer Auftraggeber, kalten Kontakten – ja, sie nennt das so! – verweigert sie sich strikt. Dennoch lamentiert sie über zu wenige Aufträge. Da zudem ihr zweites Standbein in den letzten Jahren stark hinkt, die Vermietung von Luxus-Villen auf einer Mittelmeerinsel, denkt sie darüber nach, wie sie zusätzliche Aufträge für Ihren Telefondienst finden könnte. Dabei fällt ihr im Gespräch mit einem guten Freund ein, dass die Villenvermietung fast ausschließlich übers Internet läuft …

Sie und das World Wide Web – www.ihrunternehmen.de?

Sie sind im Web aktiv? Natürlich sind Sie das: Sie verfügen über eine eigene Website. Sie korrespondieren via E-Mail. Sie nutzen Suchmaschinen, welche auch immer. Was darüber hinaus geht, hängt – je nach dem – davon ab, ob Sie zu den „digital immigrants" gehören oder zu den „digital natives". Die erste Gruppe zeichnet sich dadurch aus, eher webaffin als viele vergleichbare Personen zu sein und eher (deutlich) älter. Die zweite dagegen „lebt" sozusagen im Web, hat ein Weblog (mindestens eines), hört Musik und sieht Filme via Notebook (oder Netbook) und mp3-Player oder gleich mobil, twittert, chattet und telefoniert per Internet (Voice-over-Internet-Protocol, bekannt als VoIP). Web 2.0 ist das Label für Mitmachen, um dabei zu sein: Durch viel Selbstdarstellung per Internet, Bewerten von Personen, Profilen und Programmen, eigenem Content als Text, Bild oder Film usw. Häufig fällt das Stichwort „virales Marketing", wenn derlei Vorgehensweisen ins Spiel kommen. In Zeiten vor dem Internet war dafür der Begriff „Mundpropaganda" üblich.

Und Sie, sind Sie mehr oder weniger „digital anything"? Weniger genügt durchaus, seien Sie beruhigt, als Basis für kleine Akquise-Portionen nebenbei. Denn was immer Sie dort – im Web – tun, kann blitzschnell Multiplikation erzeugen: Es ist in aller Regel Suchmaschinen-relevant. So hilft Ihnen jede Web-Aktivität, mit Ihrer Leistung im Netz gefunden zu werden. Sollten Sie dies eher negativ sehen, weil Anonymität im Web weitest gehend ausgeschaltet ist, seien Ihnen das unbenommen. Allerdings verzichten Sie auf eine exzellente Nebenbei-Akquise-Chance! Gleiches gilt naturgemäß, wenn Sie sich das Web bisher überhaupt verkniffen haben: Sorry, einfacher geht es kaum, sich finden zu lassen und so neue Kontakte zu gewinnen, ohne selbst aktiv akquirieren zu müssen …

Wieso soll das nun nebenbei funktionieren? Was immer Sie zur Hand haben (Rezensionen, Seminar-Einladung, anonymisierter Projektbericht), lässt sich durch simples „copy and paste“ an relevanter Stelle des Webs platzieren: Auf Ihrer eigenen Website – in den communities Ihrer Wahl – als Diskussionsbeitrag in Foren, Blogs oder in Wikis, vielleicht sogar in Wikipedia? Häufig tragen sich Externe im Web dort ein, wo auch ihre privaten Interessen liegen und punkten so für Suchmaschinen, indem sie posten ... Mein Rat: Setzen Sie verbale Duftmarken! Das kann bis hin zu „White-papers“ gehen, die Sie im entsprechenden Bereich Ihres Berufs- oder Branchenverbandes setzen – und damit dessen Website und sich selbst bei den Suchmaschinen aufwerten!

Die Gesetze der Aufmerksamkeitsökonomie: Aktuelles, Neues, Wissenswertes (White-paper): Veränderungen fallen auf!

Sehe ich Sie die Stirne runzeln? Nun, Fakt ist: Suchmaschinen nehmen jede Veränderung wahr und bewerten diese Aktivität positiv. Schon ein Eintrag in Ihre Publikationsliste hilft oder die Info über eine Veranstaltung mit konkretem Termin. Ihre Nennung auf anderen Websiten wirkt wahre Wunder im Ranking von Google & Co.! Probieren Sie einfach aus, was Ihre Kollegen erfolgreich tun – womit Ihre Mitbewerber Erfolg haben:

- White-paper: Das geht vom klassischen „Handout“ bis hin zum ausführlichen Aufsatz zu einem Thema, wie er in einer Fachzeitschrift erscheinen könnte oder tatsächlich erschienen ist (Berechtigung klären!). Studien oder Marktübersichten, Analysen und Lösungsvorschläge zu definierten Fällen kommen infrage: Für manche White-papers auf Fachportalen zahlen Interessierte je Abruf Geld oder erhalten via Abonnement Zugriff darauf; entsprechend ist die Erwartung an einen wertigen Inhalt! Verlangen Sie, dass Abrufer sich identifizieren, sodass Sie Ihre Kontaktliste erweitern.
- Projektbericht: Darunter fallen die „case-studies“, die meist anonymisierte echte Projekte zusammen fassen – oder der Praxis sehr nahe konstruierte Situationen darstellen. Wenn Sie vom Auftraggeber die Erlaubnis zu einer offenen Dokumentation (mit Nennung der Teilnehmer) erhalten, wird eine echte Referenz für Sie daraus!
- Öffentliches Seminar: Legen Sie Termine (und Orte) für Themen fest, zu denen sich Teilnehmer anmelden können – ob es statt findet, ist ein Thema nachrangiger Priorität! Vorsicht: Sie sollten damit rechnen, die Veranstaltung statt finden lassen zu können, weil (überraschend?) viele Anmeldungen kommen ... Wichtiger Effekt: Sie erhalten Anfragen zu Inhouse-Events – oder einer Beratung, einer Begleitung zum selben oder einem ähnlichen Thema.
- Welche weiteren Chancen fallen Ihnen ein, aus Ihrer Alltagspraxis?

Wer schreibt, der bleibt: Suchmaschinen & Co.

Setzen wir einmal als gegeben voraus, dass Sie der „Pflicht“ Genüge getan haben: Keywords sind gesetzt, damit Sie zu den Schlüsselwörtern möglichst weit oben stehen, bei Google, Yahoo und anderen; Schlüsselwörter, die Ihre Kunden suchen und jene Firmen, die Ihre Kunden werden sollen. Fragen Sie Ihren Webmaster nach Metatags, Titles und Descriptions, wenn Ihnen das noch wenig sagt (etwa *www.veqtor.com* kann weiter helfen). Doch besonders hilfreich für die „SEO-Hierarchie"(Search Engine Optimization) ist es, wenn diese Schlüsselwörter in Ihren Webtexten möglichst häufig auftreten – und wenn andere darauf verweisen. Besonders empfehlenswert sind Text-Verlinkungen, die stärker wirken als Links via Logo, siehe zum Beispiel diese:

- *www.dr-mahlmann.de/links.html*
- *www.insure-it.de/partner.html*
- *www.reiter-medienconsulting.de/links/index.html.*

Warum Text statt Logo? Suchmaschinen bewerten ähnlich wie Menschen, die Pressetexte als neutraler beurteilen und damit als gewichtiger gegenüber Prospekten und anderen Werbetexten, die meist als solche woran erkennbar sind? Am Logo! Klar, „pro domo" wird ein Anbieter kaum Negatives berichten, die Presse dagegen täte das. Wird also Positives berichtet, ist ein hoher Wahrheitsgehalt zu unterstellen … Was immer Sie an Texten zur Verfügung haben (siehe auch …), setzen Sie diese auch auf Ihrer Website ein! – Tipp zu Ihrer URL (das ist der Name, den Sie eingeben, auf eine bestimmte Website zu kommen, also zum Beispiel *www.ihrname.de*): Wenn Sie beschreibende Teile durch Bindestrich („minus") trennen statt sie „in one" zu schreiben, werden auch die einzelnen Teile gefunden statt „nur die Kombination". Beispiele anderer Trainer, Berater, Freelancer sind:

- Prof. Michael Bernecker mit seinem Deutschen Institut für Marketing spielt mit genau solchen Varianten: Neben seiner Stamm-URL www.marketinginstitut.biz gibt es DIM-Ableitungen, etwa www.dim-onlinemarketing.de, www.marketing.de, www.campus.de. Wobei „Online-Marketing" nochmals einen Tick mehr bei den Suchmaschinen bewegen würde, so jedenfalls der Tipp von Dr. Torsten Schwarz *www.absolit.de*.
- Michael Ehlers: www.der-rhetoriktrainer.de – noch besser wäre allerdings www.der-rhetorik-trainer.de, weil dann das jeweilige Teilstichwort für die Suchmaschinen relevant wird, also Rhetorik, Trainer und Rhetorik-Trainer.
- Lothar Seiwert hat neben seiner Stamm-Website www.seiwert.de unter anderem auch www.baeren-strategie.de und www.bumerang-prinzip.de
- Weitere Beispiele sind *www.mehr-erfolg-im-verkauf.de* (*www.coactive.de*), *www.professional-trainings-center.de* als Aussteller-Website und
- *www.erfolg-durch-ausstrahlung.de* (*www.resch-ebinger.de*).

Nochmals verdeutlicht, empfiehlt sich etwa *www.telefon-verkaufs-training.de* vor *www.telefonverkaufs-training.de* und erst recht vor *www.telefonverkaufstraining.de*. Überlegen Sie am besten gleich, welche URLs Sie sich noch sichern sollten, von denen aus Sie direkt auf Ihre eigentliche Homepage verlinken!

„Machen Sie mit" – das Web 2.0: Dabeisein ist alles!

Statt aufwendig mit eigens gekaufter Software die Website „aufzumotzen", nutzen mehr und mehr Anwender im Web bereit gestellte Rahmen und Inhalte, um Flagge zu zeigen. Blog-Software wie auch Serverspeicher werden kostenfrei zur Verfügung gestellt, Communities jeglicher Art bieten die nötige Plattform, eigene Beiträge vielerlei Art zu publizieren. Dieses „frei zur Verfügung gestellt“ ist ein Markenzeichen von Web 2.0. Ein anderes, dass Sie Werbung akzeptieren müssen: Irgendwie muss das alles ja finanziert werden! Ein weiteres Kennzeichen schließlich ist, dass all das, was Sie ins Internet stellen, jedem anderen Nutzer frei zugänglich ist, der das möchte: Sie outen sich, Ihre Inhalte, Ihre Einstellungen – werden öffentlich.

Beobachten Sie bereits Foren in für Sie relevanten Gruppen interessanter Communities, wie etwa diverse für Freiberufler/Freelancer/Berater auf *www.xing.de*? Schön – ansonsten sollten Sie das unbedingt tun. Damit das „so nebenbei“ geht, haben Sie die Wahl:

- Sie nehmen sich einen festen Wochentag vor, an dem Sie konsequent maximal eine bestimmte Zeit durch die entsprechenden Websites surfen – vielleicht am Abend oder sogar am Wochenende. Oder wenn Sie unterwegs sind und entsprechend ausgestattet mit Gerät und Flatrate. Nun verhalten Sie sich wie der Leser einer Tageszeitung, der sie gelegentlich kauft: Manche nehmen einfach nur die am Samstag oder sogar die Sonntagsausgabe und gewinnen so einen Überblick der abgelaufenen Woche, der ihnen genügt.
- Sie abonnieren alle Veränderungen in den entsprechenden „Artikelbäumen“ als RSS-Feed; dann erhalten Sie die Information mit einem Link als Mail auf den Rechner oder Ihr Handy. Ob Sie die Antwort auf einen Beitrag oder den neuen Artikel im Forum XYZ dann tatsächlich lesen, entscheiden Sie aufgrund des kurzes „Teasers“ von wenigen Worten. Nutzer dieser Art haben (oder hätten) in früheren Zeiten ihre Tageszeitung täglich durch geblättert und aufgrund der Überschriften („Headlines“) entschieden, ob und welche Artikel sie lesen.
- Sie nutzen gelegentliche Leerzeiten für einen unregelmäßigen Checkup, indem Sie über einen der sogenannten Aggregatoren gezielt Ihre Themen suchen, zum Beispiel *www.blogging-magazin.de*. Dann sind Sie ein Nutzer, der dem Leser einer Wochenzeitung oder eines Monatsmagazins entspricht: Auch dort findet sich verarbeitet, was in der Zwischenzeit passiert ist – und in aller Regel vertieft aufbereitet, etwa mit Hintergrundberichten.

Wie Sie sehen, ist jedes Nutzungsverhalten schon einmal da gewesen. Und wie ist das mit Tages-, Wochen- oder Monatsblatt? In aller Regel lesen Sie diese Lektüre eher nebenbei, sogar die Fachzeitschriften – oder wie geht es Ihnen damit? Der Unterschied ist nun, dass Sie ebenfalls „nebenbei“ aktiv beitragen, sei es durch Artikel, sei es durch Bewerten – oder schlicht dadurch, dass Sie mit Ihrem „Draufklicken“ das Ranking eines Beitrag verändern, seine relative Bedeutung. Was das mit Akquise zu tun hat? Eine Menge! Sehen Sie selbst:

- Sie entdecken, welche Bedeutung welche Themen haben – und wie sich diese wieder verändert. Das kann entscheidend für Ihre Produktgestaltung und –entwicklung sein, also: was bieten Sie wem künftig an. Je treffsicherer ihre Palette ist, desto wahrscheinlicher sind Anfragen und Buchungen!

- Sie finden interessante Ansprechpartner, mit denen Sie ins Gespräch kommen können, ähnlich den Diskussionsbeiträgen auf Messen, bei Vorträgen usw. Das bedeutet, Sie erweitern Ihre Kontaktbasis und damit auch die Chance zu Treffern. Sie werden im Fall des Bedarfes eher angesprochen als auf dem Umweg „zufällig via Suchmaschine gefunden“, weil bereits ein direkter Kontakt besteht.
- Sie präsentieren sich und Ihr Know-how potenziellen Interessenten: Wieder erhöht sich die Chance, ausgewählt zu werden! Das hat damit zu tun, dass Sie inhaltlich im Gedächtnis interessierter Personen präsent sind und damit schneller und besser erinnert werden, sobald Bedarf entsteht.
- Sie werden über Suchmaschinen gefunden – je mehr Verlinkungen es zu Ihren Beiträgen gibt, desto besser und höher im Rang (also der Position in den Ergebnislisten). Das hat mit dem „Algorithmus“ von Google & Co. zu tun, die teilweise ähnlich vorgehen wie Zeitungsausschnittdienste und Quantität mit Qualität mischen: Wie oft werden Sie genannt, das ist eines. Von wem und in welcher Form, das andere: Wie ist das Renommee Ihres Zitierers oder Verlinkers? Es hat seinen Grund, dass bis vor kurzem Brockhaus vielfach mehr zitiert wurde als Bertelsmann – in Zeiten von Wikipedia musste sich das schon deshalb ändern, weil Wikipedia erheblich leichter durch copy and paste zitiert werden konnte: Für Sie ein Grund, elektronisch verfügbar zu sein!

Ergo: mit überschaubarem Aufwand bleiben Sie immer am Ball!

Beispiele für Web 2.0

Vielerlei Spielarten gibt es, das „Mitmach-Web“ für sich als Externer zu nutzen. Das fängt an bei Aufzeichnungen von Seminaren, geht über Blogs, Projekt-Interviews und White-papers bis hin zu Schnupper-Einheiten, mit denen Sie Ihre Dienstleistung mit erleben lassen. Ihnen fehlt der Zugang zu diesen modernen Kommunikationsformen? Schauen Sie als Einstieg einfach mal auf einen dieser Links:

- Blogs: *www.dim-marketingblog.de, www.blog.ekaabo.de*
- Video im Web: *www.seminarportal.de, www.jobtv24.de, www.sommer-co.com, www.exxplain.com, www.sbtv.ch* (swiss-business-tv), *www.youedu.tv*
- Multiplikation durch Interview: *www.blogtrainer.de/tag/interview/* (Marco Ripanti *www.ekaabo.de*)
- Multiplikation durch Einstellen beim Verband: *www.gabal.de/wissensarchiv.php.*

Für Sie speziell ist nichts Anregendes dabei? Dann wählen Sie die Suchmaschine Ihres Geschmacks und geben dort in die Maske „Ihre“ Stichwörter ein, dazu „Blog“, „Forum“, „Community“ oder „twitter“. Klicken Sie dann einfach mal in den einen oder anderen Ergebnisvorschlag: Ich bin sicher, Sie kommen auf den Geschmack! Um mit wenig Aufwand zum Beispiel mit einem Video im Web vertreten zu sein, empfiehlt es sich, Youtube anzuzapfen: Dort verfügen Sie kostenlos über Serverspeicher, den Sie sonst bezahlen müssten. Sie verlinken schlicht von Ihrer Website direkt auf YouTube oder nennen den entsprechenden Link in Ihrer Mail, wenn Sie Ihr Angebot wertig unterfüttern wollen.

Spezialprodukte, -leistungen und -themen

… damit grenzen Sie sich von der Konkurrenz ab und werden punktgenau gefunden! Nun, hier greifen wir das gute alte „Alleinstellungsmerkmal" auf, Ihren USP, siehe auch Geben und geben lassen – allzeit bereit. Je konkreter Sie Ihre Leistung im Web definieren, desto sicherer werden Sie punktgenau gefunden! Sie haben die Wahl: Wenn Sie nur als Berater für „Marketing" im Internet erscheinen, „findet" Sie der Suchende vielleicht auf Position 224.596 – und dann wieder auf 19.495.711. Was naturgemäß bedeutet, er findet Sie – gar nicht, weil er maximal die ersten drei Trefferseiten durchblättert, meist nur die allererste (mit zehn Treffern!). Mit „Marketing" und „Telefon" wird´s schon besser – und wenn Sie dann noch Branchen dazu nehmen, haben Sie eine realistische Chance, auf einer der drei ersten Seiten der Ergebnisliste eines Suchenden zu erscheinen – und so vielleicht tatsächlich gefunden zu werden. – Natürlich erhöhen Sie Ihre Chance zusätzlich durch die vielen Web 2.0-Aktivitäten, wenn dadurch Verknüpfungen entstehen. Und Sie erhöhen Sie deutlich, wenn Sie Geld in die Hand nehmen und ein Programm à la Google Adwords nutzen (siehe http://adwords.google.de usw.).

Doch „einfach so nebenbei" funktioniert gut, wenn Sie sowieso einen Internet-Auftritt haben möchten oder schon haben und gelegentlich überarbeiten, was sich unbedingt empfiehlt. Sie sind eher jener Typ, der wenig Zeit hat? Dann beauftragen Sie einen Webmaster damit, die Website uptodate zu halten; informieren müssen Sie allerdings auch den: Schließlich muss er wissen, was er verändern soll. Zum Beispiel Neuro-Marketing als Stichwort dazu?

Wiedererkenner sind bei all dem entscheidend wichtig:

Bilden Sie Image, erhöhen Sie Ihre Bekanntheit, seien Sie im Gedächtnis Ihres Kunden dann „greifbar", sobald bei ihm der Moment entsteht, eine Leistung zu benötigen, die Sie bieten können. Im Web und anderswo hilft es natürlich, wenn er sich „ein Bild machen" kann – das ist Ihr Logo. Kurze Aussagen bleiben ebenfalls im Gedächtnis haften, nun sprechen wir von Slogan oder Claim: Sie erinnern „Wenn´s um Geld geht: Sparkasse!", „Quadratisch – praktisch – gut: Ritter Sport" oder „Bauknecht weiß, was Frauen wünschen!" oder auch „Persil – da weiß man, was man hat" wie auch „Weiß, weißer geht´s nicht"? Oder das kleine Ortsgeschäft: „ML Drogerie – die sympathische mit Beratung". Warum Toyota mit „Nichts ist unmöglich" nach außen tritt, also einer doppelten Verneinung, statt die positive Variante zu wählen „Alles ist möglich!", ist mir schleierhaft – doch ins Gedächtnis eingebrannt ist der Claim, oder? Selbst „Leistung aus Leidenschaft" hat seine Wirkung, wenn auch Banken in der Finanzkrise eher „Leiden schafften" … Durchaus ernst gemeint, die Wirkung kann kippen, gerade dann, wenn Sie zu häufig mit Ihrem Logo auftreten, zum Beispiel in Ihren Powerpoint-Präsentationen muss das keineswegs auf jeder Seite sein: So wirken Sie penetrant im Sinne von „beharrlich" oder „hartnäckig" statt „an den Fersen kleben"! Zudem muss die Verbindung von Aufmerksamkeit und Wiedererkennung von Anbieter und Angebot gelingen: Was nützt es Ihnen, wenn Menschen begeistert über einen Werbespot, eine Anzeige oder den besonders gut gelungenen Claim berichten, auf die Frage „aha – und wer steckt dahinter?" nur mit vielen Fragezeichen antworten können …

Welcher Claim könnte für Ihr Business gut passen? Versuchen Sie es mit diesen Fragestellungen:

- Welche(s) Ziel(e) erreichen Ihre (potenziellen) Kunden mit Ihrer Hilfe besser? Welchen Nutzen, welchen Vorteil bietet es dem Auftraggeber, Sie ins Boot zu holen? „User benefit" ist der Marketing-englische Ausdruck dafür. Zum Beispiel: „Sicher Bug-frei zum Go-live" vom IT-Entwickler, „Ran an den Kunden!" vom Vertriebs-Dienstleister, „Ihr Übersetzer vor Ort – weltweit!" von einem Übersetzungsbüro mit einem Netzwerk aus Muttersprachlern: Das sichert Übertragung in den jeweiligen Markt statt schlichter wörtlicher Übersetzung! Ein weiteres Beispiel aus unseren Reihen ist Dr. Gudrun Fey (study & train, www.study-train.de), die mit diesem Claim unterwegs ist: „Weiter durch Bildung".
- Was unterscheidet Sie von Ihren Mitbewerbern, was machen Sie anders als Andere? Da sind wir beim USP, der unique selling proposition, Ihrem Alleinstellungsmerkmal. Zum Beispiel: „Ihre Wünsche lesen wir Ihnen von den Augen ab" vom Designentwickler, „Rund um die Uhr für Sie parat" vom EDV-Repair-Service, „Bestimmt auch in Ihrer Nähe!" für viele Externe, die mit Kollegen eng vernetzt überall in Deutschland vertreten sind. Das Xing-Motto von Johannes Neff – media & art - lautete zum Beispiel am 07. März 2009: „Freelancer statt nur zu reden – „trial and error"!".
- Was können Sie besser, als wenn interne Kräfte eines potenziellen Kunden die konkrete Aufgabe erfüllen sollen? Liefern Sie einen konkreten Grund, den „reason why" im Marketing. Zum Beispiel „Ihre mobile Buchhändlerin", die Urlaubs- oder Krankheitsvertretung macht, „Spitzenverkäufer für Spitzenzeiten" der Mietaußendienst oder „fünf vor zwölf? Holen Sie uns ins Bild!" das Grafikbüro.

Nutzen Sie am besten gleich diese Anregungen, um Ihren Claim neu zu texten, texten zu lassen – oder den bestehenden kritisch zu prüfen! Zusätzliche Anregungen finden Sie auf *www.slogans.de*, auf der Sie auch Veränderungen von Firmenclaims über Jahrzehnte ersehen können: Wer kennt noch „Ihr guter Stern auf Deutschlands Straßen"? Das war mal der von Mercedes ... Aktuell kennen Sie von McDonalds *„Ich liebe es"*, einfach übersetzt aus dem Original *„I'm loving it"* – oder von Audi *„Vorsprung durch Technik"* oder *„Aus Freude am Fahren"* von BMW. Mag sein, dass Sie das „Slogan"-Spiel noch im Handel finden, das Sie für einen kreativen Prozess mit mehreren Personen einsetzen könnten. Das Buch von Wolfgang Hars *„Nichts ist unmöglich! Lexikon der Werbesprüche"* ist auch schon vor Jahren bei Piper erschienen. Falls interessant für Sie und nicht mehr lieferbar, probieren Sie´s antiquarisch, etwa bei *www.amazon.de* oder *www.ebay.de* oder *www.zvab.com*. Zwar fehlt in diesem (ursprünglich bei Eichborn erschienenen) Sammelband ein Branchenregister, doch stört das wenig: Im Regelfall sind es Markenartikler, was das Lexikon zur Quelle kreativer Anregungen macht. Denn „Immer gut beraten" stammt statt von einem Beratungsunternehmen von – „den Arbeitsämtern" ☺ ...

Wechselseitig Verlinken

So preiswert und zugleich wirksam geht das kaum ein zweites Mal: Präsentieren Sie in Kurzform sich und Ihre Leistung (siehe Elevator Pitch, Geben und geben lassen – Allzeit bereit) und stellen Sie diesen Text mit Link auf Ihre Website jenen Personen und Firmen zur Verfügung, mit denen Sie gerne verlinkt wären: Kollegen, mit denen Sie konkurrenzfrei agieren; Verbänden, in denen Sie Mitglied sind; ergänzenden Anbietern – all jenen, von denen Sie gerne empfohlen werden möchten! Denken Sie dabei daran, dass auch Sie Ihrerseits natürlich eine Empfehlung für den Partner aussprechen mögen, denn das wird im Tausch erwartet! Hier nochmals die Beispiele von vorhin:

- *www.dr-mahlmann.de/links.html*
- *www.insure-it.de/partner.html*
- *www.reiter-medienconsulting.de/links/index.html.*

Warum so statt mit dem Logo? Weil nur so der Link wirklich suchmaschinenrelevant wird, das bedeutet, als Empfehlung gewertet wird. Das führt zum Aufstieg in den Ergebnislisten relevanter Suchbegriffe, die in Ihrem Kurztext vorhanden sein sollten. – Ihre Aufgabe: Mit wem sind Sie bereits verlinkt? Mit wem sollten Sie es auch sein? Wen sprechen Sie darauf an? Welchen Text bieten Sie an?

Ihr Foto verkauft (für) Sie mit!

Das ist nun die „Akquise einfach nebenbei" par excellence: „Ein Bild sagt mehr als tausend Worte" fokussiert die starke Wirkung einer Abbildung. Und gerade Sie als Externer stehen mit Ihrer Persönlichkeit als Einzelkämpfer dafür ein, dass die (von Ihnen) versprochene Leistung auch abgeliefert wird. Schon das „Einzelkämpfer" lässt manchen potenziellen Kunden zögern: Was ist, wenn diese Person ausfällt, mitten in der heißen Phase des Projekts – kurz vorm alles entscheidenden Vertriebs-Workshop – einen Tag vor Ablieferung des Anzeigen-Auftritts an das Publikums-Magazin? Sorgen Sie jedenfalls durch geeignetes Bildmaterial für einen anziehenden Auftritt, vor allem im Internet:

- natürlich Sie als Einzelperson – dem Betrachter zugewandt, strahlend – sollte natürlich wirken -; eventuell in Varianten, jedenfalls als „Passfoto", weil das Auge davon sofort angezogen wird, stärker als von Ganzkörper- oder gar Gruppen-Aufnahmen. Dazu Ganzkörper, lassen Sie sich vom Fotografen beraten! Vielleicht auch in einer „typischen Pose", die zu Ihrer Dienstleistung gehört. Sie kennen vielleicht noch „Das heitere Beruferaten" mit der „typischen Handbewegung"?
- Überlegen Sie gut, welche Gruppenaufnahmen Sie ergänzend veröffentlichen. Auf diese Weise entsteht der Eindruck, Sie seien mit einem Team aktiv, also weit mehr als Einzelkämpfer: Es gibt Ersatz „im Fall des Falles", Ihr Büro ist auch in Abwesenheit besetzt, Ihre Leistung wird durch die weiteren Personen ergänzt. Das kann auch eine Aufnahme von einem Kongress sein, wo Sie im Gespräch mit Kollegen „erwischt" wurden.
- Sie im Gespräch mit Berühmtheiten kann gut ankommen – es sollten allerdings Kapazitäten sein, mit deren Kompetenz Sie punkten können. Wenn gestattet, bilden Sie sich mit Kunden oder in der Aktivität beim Kunden ab – so entstehen bildliche Referenzen!
- Erläutern Sie Abbildungen durch eine Bildunterschrift: Die gehört einfach dazu, auch wenn sie gar nicht gelesen wird. Wenn doch, wird

klar, wer abgebildet ist – mit welchen weiteren Personen, bei welcher Gelegenheit. Beachten Sie, ob Sie über die Bildrechte verfügen! Andernfalls holen Sie die Erlaubnis ein und nennen den Rechtegeber, also zum Beispiel © Fotograf XYZ.

Erfragen Sie je nach Einsatz die passende Größe und Auflösung, die in zum Beispiel „300x180 dpi" angegeben wird. Achten Sie dabei auch auf wechselnde Wiedergabe, wie auf Xing: Dort ist der Unterschied zwischen der Größe des Fotos in Ihrem Profil gegenüber der Optik in den Übersichtslisten erheblich und kann verfälschend wirken. Deshalb habe ich eine vom Profi gemachten Aufnahme wieder heraus genommen, weil mein Headset im verkleinerten Bild als solches nicht erkennbar war: Ich sah eher aus wie ein Alien …

Schon mal ge-spamt?

Nehmen Sie dies wohl gemerkt eher zurück haltend auf: Es soll Kollegen geben, die den Spam-Effekt für sich entdeckt haben und ihre Angebote mit der Gießkanne streuen, ähnlich den Sporen-Explosionen von Pilzen:

- Rundinfo an alle Kontakte: Seien es die im eigenen Adressbuch, seien es die im Community-Netzwerk wie zum Beispiel Xing, unter Verzicht auf Selektionen (Region, Thema, Tags …). Es kann passieren, dass der eine oder andere direkte Kontakt diesen wieder löscht, weil er über ein nicht exakt treffendes Angebot weniger begeistert ist. Nun, dann suchen Sie weitere Kontakte …
- Testen Sie aus, wie viele Massen-Mails Ihre direkten Kontakte vertragen. Einige Kollegen aus meinem Xing-Kreis übertreiben es tatsächlich ein wenig – doch nehme ich lieber in Kauf, einige Klicks mehr machen zu müssen, statt die Vorteile zu verlieren: Konkurrenz-Analyse, Beobachtung des Teilnehmer-Verhaltens, Entdecken neuer potenzieller Kontakte. Die aktivsten Ihrer Kontakte sehen das ähnlich …
- Massenmail an gemietete Mail-Adressen: Die gibt es zuhauf, ähnlich den Mietadressen für klassische White-mails – und da die sind meist selektierbar, nach Kriterien, wie wir sie beim CRM (siehe So vermeiden Sie Auftragslöcher – Durch CRM …) angesprochen haben
- Spam-Mails: Hier durchforsten Programme die Websites und saugen mit aller Macht jegliche Mail-Adresse auf, die irgendwo verzeichnet ist – so kriegt wirklich Hinz und Kunz das Angebot …

Warum dieses Vorgehen? Untersuchungen haben gezeigt, dass Monat für Monat rund eine halbe Million US-Amerikaner auf Angebote in Spam-Mails reagieren, von Viagra über Pornos, Pseudo-Heilmittel, gefälschte Markenware bis hin zu (echten) Rolex-Uhren und weiteren Sonderangeboten. Das bedeutet, dass die für wenig Geld fast zum Nulltarif verschickten Myriaden von Spams sich absolut rentieren. Wer allerdings seriös unterwegs ist und sich ethischen Grundsätzen verpflichtet fühlt – und zudem einen Namen zu verlieren hat, sollte sorgsam abwägen, was Nutzen und Schaden angeht …

Fazit

Wer kreativ mit dem umgeht, was sowieso schon da ist, tut sich leicht, Aufmerksamkeit zu gewinnen. Wenn sich mehr und mehr durchsetzt, dass Einkäufer intensiv das Internet nutzen, um ihre „supply chain“ zu optimieren, dann sollten „alle Wege zu Ihnen“ führen, wie sonst nur noch nach Rom J. Je besser Ihnen das gelingt, desto erfolgreicher Ihr „Out-of-Mouth-Marketing“ einfach so nebenbei!

So kommen Sie übers Web an Kontakte

Auch Birgit Brandis hat sich zu Herzen genommen, was sich im Web einfach so nebenbei gewinnen lässt, wie sie es von ihrer Reise-Website kennt. Die nutzt sie gleich für ihr Standbein „Telefondienstleisterin“, indem sie sich auf einer Untersite mit einem Text präsentiert, der gespickt ist mit einer Menge relevanter (Such-)Stichwörter - und geschickt von den Angebots-Sites darauf verlinkt: „Ganz Ohr für Sie!“ nennt sie auf jeder die telefonische Info- und Bestellmöglichkeit für Villen-Urlaube im Mittelmeer und promotet damit indirekt sich selbst. „Ganz Ohr für Sie!“ wird ihr Claim, den sie als Wiedererkenner auch für Profile in Xing und anderen Business-Portalen einsetzt. In Xing-Foren zu Telefoniethemen ist sie Mitglied und schaut dort einmal wöchentlich rein, um den einen oder anderen Kommentar zu posten. Das passiert „nebenbei“, wenn sie ihr Konkurrenzanalyse für die Mittelmeervillen übers Web durchführt und dabei in Google und Yahoo auf die Trefferliste ihrer Stichwörter schaut.

Erfolgsgesetz 3: Prioritäten setzen durch Selbst- und Zeitmanagement

Die typische Denke: Zeitmanagement nichts für mich!

Stefan Voigtländer (Name geändert) ist der „typische“ IT-Programmierer: Bis spät in die Nacht oder nahe am Morgen mehr „im“ als am Rechner, tüftelt er an Lösungen für die Aufgabenstellungen seiner Auftraggeber. Oft auf den letzten Drücker liefert er ab, gelegentlich auch mal mit unzureichender Dokumentation – Nacharbeit ist erforderlich, während das nächste Projekt schon anläuft ... So weit, so gut, mehr oder weniger jedenfalls: Wann sollte hier noch Zeit bleiben, über mögliche andere Auftraggeber nachzudenken, aus der Fülle der Kontakte aus den letzten fast zwei Jahrzehnten? Nur selten blitzt die Sorge bei ihm auf, es könnte mal ein längeres Auftragsloch entstehen. Denn wenn mal Zeit zwischen zwei Projekten bleibt, hat er genug damit zu tun, seinen eigenen Hobby-Programmen nachzugehen.

Zum Kittelbrennfaktor wird sein mangelndes Zeitmanagement, als er einen Abgabetermin deutlich überschreitet – und damit zugleich einen weiteren Kunden vergrätzt: Dessen Projekt kann er erst mit mehrwöchiger Verspätung angehen. Nachfolge-Aufträge sind in Gefahr: Voigtländer lässt sich darauf ein, wie er seine Aufgaben zielorientierter erfüllen kann. Seine Entscheidung wird dadurch erleichtert, dass ihm diese fast zum Nulltarif von eben dem Kunden geleistet wird, dessen Projekt er fast versemmelt hätte: Der schlägt damit zwei Fliegen mit einer Klappe, weil der Programmierer auf diese Weise besser und schneller begreift, wie die erwartete Software für „Prioritäten online managen - POM“ aufgebaut sein muss ....

Die Geschichte von Till Eulenspiegel

... wird gerne und häufig zitiert, auch ich erlaube mir das, sie ist so schön eingängig; als Quelle dient zum Beispiel Professor Lothar Seiwert (*www.lotharseiwert.de* usw.):

Es war einmal ... Till Eulenspiegel zu Fuß auf dem Weg in die nächste Stadt. Über eine Mitfahr-Gelegenheit hätte er sich sehr gefreut, da er schon ein paar Stunden unterwegs war. Da kam eine Kutsche daher geprescht – und kam plötzlich zum Stehen, kaum hatte sie Till passiert. Mit Mühe schaffte es der Kutscher, die Zügel hart angezogen. Verärgert ob des nur teilweise gelungenen Brems-Manövers drehte er sich um den Kutschbock herum, dem Eulenspiegel zu. Doch keineswegs, ihn aufzunehmen: „Heda, Wandersmann – wie weit ist's wohl noch zur nächsten Stadt?!“ heischte er Auskunft. „Nun denn, eiliger Kutscher“ antwortete Till freundlich, obwohl enttäuscht, „fährst du jetzt in gemäßigtem Tempo weiter, braucht's eine halbe Stunde. Wenn du so weiter rast wie vorhin, braucht's den ganzen Tag!“
„Ei, was ein Spinner“ lachte der Kutscher und auch aus der Kutsche drang kopfschüttelndes Lachen – und „hüüüü“ ging sie weiter, die wilde Jagd.

Doch dauerte es nur kurz, dann traf der Eulenspiegel die Gesellschaft wieder: Die Kutsche stand abgesenkt über einem großen Schlagloch, ein Kutschenrad war gebrochen. Kutscher und Gesellschaft versuchten, die Reparatur möglichst rasch voran zu treiben. Till erntete böse Blicke. „Nun, was schaut ihr denn so böse?" fragte er sie. „Was habe ich euch denn gesagt – in gemäßigtem Tempo _ Stunde, bei zu raschem Lauf den ganzen Tag!" – sprach's und ging vergnügt pfeifend weiter. Wohl wissend, in 2, 3 Stunden würde er am Ziel angelangt sein ...

Ist „Zeit" auch Ihr Engpass, jedenfalls der gefühlte? Dann versuchen Sie es mit verstärkter Langfrist-Planung, um so gezielt Routine-Arbeiten in „leere" Zeiten zu verlegen. Auf diese Weise schaffen Sie sich Freiräume in jenen Zeiten, die Sie anderweitig nutzen können: Fürs Telefonieren, Netzwerken, Messen zu besuchen, vielleicht auch Gelegenheiten für aktive Akquise zu suchen.

Wieso soll das nun nebenbei funktionieren? Sie werden rasch bemerken, dass Priorisieren Ihnen Freiräume und „Frei-Zeiten" schafft: Dann können Sie sich auch mal eine Belohnung gönnen, etwa fürs Gewinnen eines neuen Kunden!

Was du heute kannst besorgen – das gelingt dir auch noch morgen!

Wohl verstanden, möchte ich vermeiden, dass Sie dies als Aufforderung zur Aufschieberitis betrachten, neudeutsch „Prokrastination" genannt. Vielmehr möchte ich Sie warnen vor

- Verzettelung: zu viele Aufgaben, Projekte, Ideen parallel verfolgen und mit keinem (oder nur wenigen) wirklich voran kommen. Besser: Entscheiden, was heute (JETZT) sinnvoll ist, das angehen, Rest terminieren. Siehe das gute alte „1st things 1st", das Präsident Dwight D. Eisenhower zugeschrieben wird. Meine Interpretation: FIFO – also: first in – first out. Statt Stapel zu bilden und nach und nach abzuarbeiten, sofort entscheiden, was damit zu tun ist: Umgehend erledigen – delegieren – Papierkorb. Zumindest weitgehend ☺ …

Zu diesem Thema gibt Werner Tiki Küstenmacher in seinem *„simplify your life"* folgende Tipps zum *„Zeit gewinnen am Schreibtisch"*:

1. *„Die Dreier-Regel. Jedes Mal, wenn Sie in einem stetig wachsenden Informationsordner etwas suchen, entfernen Sie drei veraltetete Informationen." Das gilt entsprechend für andere Ablage- oder Wiedervorlage-systeme: Mappen, Kartons, Stapel ...*
2. *„Der Tauschhandel. Für jede neue Information, die in die Ablage hinein kommt, werfen Sie sofort eine ältere hinaus." Das ist übrigens das gute alte Loseblattwerke-Prinzip mit dem Austausch von Aktualisierungen!*
3. *„Die Zwischendurch-Strategie. Legen Sie jeden Tag am Vorabend einen oder zwei Ordner oder Ablagekörbe auf Ihren Schreibtisch. Am nächsten Tag schauen Sie diese nebenbei durch, zum Beispiel beim Pausenkaffee oder in Wartezeiten zwischen zwei Terminen." Das können Telefonate sein – und natürlich gezielt auf Bürotage, an denen Sie zuhause/im Home-office/im Außenbüro sind, statt unterwegs beim Kunden!*

4. *„Die Wartetaktik. Wenn nichts mehr in die volle Ablage hinein geht, schreiten Sie sofort zur Tat – oder legen Sie einen konkreten Termin dafür fest. Vereinbaren Sie mit sich selbst ein Ziel: Ich werde für 50 Prozent Papierentlastung sorgen – oder Ich werde drei Ordner komplett leeren." Siehe SMART-Ziele (Prioritäten setzen – Ziele SMART fassen ...) 50 Prozent als Beispiel kann heißen „jedes zweite Blatt" oder „zwei gleich hohe Stapel – bleibt und geht in den Papierkorb".*
5. *„Aufräumen mit Verfallsdatum. Kennzeichnen Sie Mappen oder Ordner mit einem auffälligen „Verfallsdatum", etwa „Ins Altpapier am 31.12.20xx" oder „Ins Archiv am 30.06. 20xx". Zusätzlich können Sie eine Wegwerf-Erinnerung in Ihren Terminkalender eintragen." Egal, ob der noch auf Papier ist oder elektronisch, sich erinnern lassen ist wichtig!*
6. *„Entsorgen mit Genuss. Nutzen Sie große Klappboxen oder Kartons für Ihr Altpapier. Je größer, umso stärker ist der psychologische Effekt, der Ihrem Unterbewusstsein signalisiert: Mach mich voll!" Sie werden vielleicht staunen: Ihre Motivation ist hoch, det Ding auch wirklich voll zu kriegen! Ergo entsorgen Sie umso mehr, je größer der Karton ist!*
7. *„Sicherheitszone. Falls Altpapier in Ihrem Büro täglich entsorgt wird, nutzen Sie drei Papierkörbe. Stellen Sie abends nur den mit dem ältesten Inhalt zum Entleeren bereit. Dadurch haben Sie noch Zugriff auf Dinge, die Sie gestern und vorgestern weg geworfen haben." Das geht auch wöchentlich – oder im Wechsel zwischen Papierkorb, Altpapier-Karton im Haus, Papier-Container außerhalb.*
8. *„Neu anfangen. Beantworten Sie eingehende Post sofort. Was neu ist, hat Vorrang. Platzieren Sie den Stapel mit der alten Post außerhalb Ihres Blickfelds." – das ist das oben genannte FIFO-Prinzip! Und sollte beinhalten, dass Sie geplant auch die alte Post durch sehen – noch besser: Sofort entscheiden, wohin damit ...*

(zitiert nach *Berufsziel* 01/09, *Beilage Süddeutsche Zeitung* 07. März 2009, Seite 14, Quelle: *www.simplify.de.*)

- Aktionismus: einfach angehen, ohne Ziel und ohne Plan(ung), wobei der eine oder andere entscheidende Aspekt übersehen wird. Folge: „zurück auf 1" wie in vielen Brettspielen – also Doppelarbeit, Nonsens-Arbeit, Übersehen von Wichtigem. Besser: „Eine Nacht darüber schlafen" und nochmals kritisch überprüfen – oder nach dem „Vier-Augen-Prinzip" einen Kollegen oder den Partner einbeziehen.
- Zu-allem-Ja-sagen: geschieht häufig aus Sorge darüber, etwas zu versäumen, zum Beispiel ein potenziell interessantes Projekt. Erst später stellt sich heraus, dass es Kollisionen gibt, sei es mit bestehenden Projekten oder mit „Killer-Applikationen" in der Zeit- und Reisenplanung. Besser: „Im Prinzip ja" signalisieren und erläutern, dass zunächst Rahmenbedingungen zu klären seien. Stellen Sie die entsprechenden Fragen (Zeit? Geld? Ressourcen?) und entscheiden dann – je nach dem durchaus auch einmal ein Nein!

Das bedeutet auch, dass Sie kritisch prüfen, welche der vielen Vorschläge dieses Buches Sie wann verwirklichen möchten – und in welcher

Reihenfolge, mit welcher Priorität: Was liegt Ihnen besonders gut? Wovon erwarten Sie sich den schnellsten, wovon den nachhaltigsten Erfolg? Was liegt Ihnen weniger, das Sie zunächst „streichen“? Welche Gedanken sind gut dafür geeignet, Ihre eigenen Ideen daraus abzuleiten – statt einfach 1:1 zu übernehmen?

Priorisieren Sie generell nach den klassischen Dimensionen des Prioritäten-Managements (hier sehr verkürzt): Dringend - wichtig, muss ich selbst machen – kann ich delegieren. Sie erledigen sofort (am selben Tag, innerhalb 48 Stunden ...), was dringend ist nur von Ihnen erledigt werden kann. Anderes kommt später dran oder Sie geben das Projekt weiter, etwa einen Teil der Akquise. Was weder wichtig ist noch erkennbar von jemand erledigt werden muss, landet – im Papierkorb. Im realen oder im elektronischen. Achtung, denken Sie daran, beide immer mal wieder zu leeren! Sonst besteht die Gefahr, dass Sie etwas wieder heraus fischen ...

Einfach mitlaufen lassen: Das können Sie unterwegs erledigen

Mehr und mehr Kollegen wählen als Reisemittel die Bahn statt Flieger oder Auto: Hier lässt es sich bequem arbeiten, lesen oder auch ausruhen; aus unproduktiver Reisezeit wird „Arbeitszeit auf Schienen“. Das geht auch im Flugzeug, doch fehlt es dort an längeren ungestörten Blöcken (Anfahrt, Warten am Flughafen, Gepäck, Check-in – Start und Landung – danach Checkout, Gepäck, Weiterfahrt...). Besonders gut geeignet ist Reisezeit für diese Tätigkeiten:

- Schreiben von Artikeln;
- Telefonieren mit Kontakten;
- Führen von Kalendern;
- Bearbeiten und Beantworten von elektronischer Post;
- Vor- und Nachbereiten von Meetings oder Seminaren;
- Schreiben von Projektberichten: So erzählte mir ein Berater, der durch eine lange gebuchte – und nun nicht mehr verschiebbare – Urlaubsfernreise in zeitliche Engpässe geriet, als ein zusätzliches Projekt kam: „Dann werde ich den Bericht auf der vierstündigen Bahnfahrt nach Wien zu einem Kongress schreiben und hoffentlich vorm Weiterflug von dort in den Urlaub geschafft haben!“. Geht doch!
- Lesen relevanter Literatur.

Dabei hilft es, dass die benutzten Rechner immer kleiner, kompakter und leistungsfähiger werden, siehe das Netbook: Damit können Sie ohne Weiteres Texte schreiben, Angebote kalkulieren, Konzepte entwickeln (Powerpoint), Ihre elektronische Post erledigen und im Internet surfen – voraus gesetzt, Sie verfügen über entsprechende Verträge und Tools, wie etwa mobile Karten für Netzzugang oder WLAN für Hotspots – häufig in der Bahn nutzbar. Wer sich auf „mobile Kommunikation“ bewusst beschränkt, kommt natürlich mit einem PDA oder einer Kombi aus Handy und PDA bestens klar. Entscheidend ist, Sie nutzen Reisezeit sinnvoll. Sobald Sie das in eine Routine überführt haben, gehen Sie mental anders mit vielen Routine-Tätigkeiten um: Statt im Büro oder Home-Office Zeit zu „vertrödeln“, konzentrieren Sie sich dort auf produktive Tätigkeiten: Recherche, Programm gestalten, Präsentationen ausarbeiten – und: in Ruhe Kontakte aufarbeiten. – Übrigens machen viele Externe auch exzellente Erfahrungen damit, auf der Reise einfach mal „alle fünfe grade sein zu lassen“ – also: zu entspannen, zu dösen, einen Krimi zu lesen, Musik zu hören; anders Orientierte dagegen mit dem (oder den) Sitznachbarn zu quatschen, den Gesprächen unter Mitreisenden zu lauschen … Auch hier gilt, Überraschendes kommt unerwartet: Die Idee für eine Aktion, weil das Gehirn in Ruhe arbeiten kann; ein interessanter Kontakt, der zum Kontrakt werden kann, aus einem Small-talk in der Bahn heraus; ein Hinweis auf ein Unternehmen, das Bedarf an Ihrer Leistung haben könnte … „Alles zu seiner Zeit“!

Das machen Profis, während das Seminar/Projekt läuft:

Häufig sind aufwendige Protokolle und/oder Berichte Pflicht: Die können Sie doch gleich „on tour“ erledigen, oder? Sei es, während die Teilnehmer arbeiten (in der Gruppe, im Projekt-Team), sei es in Pausen – oder sei es nachts im Hotel, wie von vielen Unternehmensberatern zu hören ist; Daraus werden gleich Texte für PR (siehe Texte auf den Punkt gebracht, zum Beispiel: Fachartikel). Natürlich werden auch Reisezeiten genutzt, siehe oben! Auf diese Weise schaufeln Sie sich Zeiten frei … Zeiten für Akquise „nebenbei“.

Machen Sie es sich zur guten Gewohnheit, nach Empfehlungen zu fragen, etwa in Pausen. Laden Sie Ihren internen Auftraggeber zum Abendessen ein, sei es am Vorabend oder zum Ausklang des Projekt-Meetings, Ihrer Interim-Sequenz oder Schlussbesprechung einer Wirtschaftsprüfung. Aus lockeren Gesprächen entnehmen Sie den einen oder anderen Hinweis auf potenzielle Kunden. Je nach Situation speichern Sie die Information oder fragen gleich nach konkreteren Details. Zeigen Sie auf diese Weise Ihr Interesse, kommt manches Mal die Frage, ob Sie interessiert wären, auch für das erwähnte Unternehmen tätig zu werden. Schon sind Sie in der Klärungsphase: Wäre das für Ihren derzeitigen Auftraggeber denn ok? Wer konkret ist dort anzusprechen? Darf der „Empfehler“ als solcher genannt werden? Ruft er vielleicht sogar vorab den neuen Kontakt an, um Sie als Trainer, Berater, Freelancer dort „einzufliegen“? Auch aus dem Kontakt mit den „normalen“ Teilnehmern oder Projektmitarbeitern lassen sich neue Kontakte mitnehmen, sofern der Externe mit offenen Ohren dabei ist. Und was ist mit Folgeaufträgen? Na logo!

Ziele SMART fassen und sich daran halten

Was immer Sie sich vornehmen, planen Sie „spezifisch – messbar – ausführbar – realistisch – terminiert“! Beispielsweise „zweimal die Woche“ hat ein mit bekannter Internet-Berater „Kontakte“ im Kalender stehen; dafür reserviert er konkret zwei Vor- und/oder Nachmittage. Da er an Projekten arbeitet und naturgemäß auch viel unterwegs ist, kann das mal der Dienstag-Vormittag sein, dazu Donnerstag-Nachmittag – und in der Folgewoche sind es andere Tage. Entscheidend ist, dass er sich konkret vornimmt, wann er Mails schickt, Interessenten nachtelefoniert oder Websites analysiert, um neue Interessenten anzusprechen. Denn das gehört bekanntlich zu SMARTen Zielen:

S pezifisch: statt verschwommen besser konkret – aus „ich möchte neue Kunden gewinnen" wird zum Beispiel „Ich wandle jeden vierten Kontakt innerhalb sechs Monaten zum Kontrakt".

M essbar: setzt voraus, dass Sie konkrete Werte definieren, die Sie nutzen wollen: Was genau ist ein Kontakt? Gehören dazu Anfragen nach Ihrem Newsletter – oder ausschließlich jene Kontakte, mit denen Sie zumindest telefonisch persönlich gesprochen haben?

A usführbar: Sind Sie überhaupt in der Lage, ein Ziel zu erreichen wie „Kunden aus komplett Deutschland" sinnvoll zu bedienen? Täglich ein Seminar oder Projekt betreuen – oder bräuchten Sie dafür weitere Personen?

R ealistisch: Schaffen Sie 35 telefonische Kontakte an einem Vormittag? Das werden recht kurze Gespräche sein… Nehmen Sie sich lieber 15 vor, um die Sie sich intensiv kümmern!

T erminiert: konkret Datum und Zeiten reservieren und sich in diesen Blöcken auf die entsprechenden Aufgaben konzentrieren

So könnte der genannte Internet-Berater zum Beispiel seine Ziele SMART formulieren:

„Ich reserviere mir in jeder Woche zwei Vormittage und einen Nachmittag, um am ersten ein Dutzend neue Websites zu recherchieren, die so gut gemacht sind, dass sie verbesserungswürdig sind, am zweiten die dahinter stehenden Inhaber/Verantwortlichen anzurufen, den jeweiligen Kontakt zu qualifizieren und für einen Kontrakt vorzubereiten – und am dritten aus meinen Wiedervorlagen aus dem CRM-System mindestens ein Dutzend nachzutelefonieren. Mails bearbeite ich außerhalb dieser Zeit, meine Projekte sowieso."

Die gewählten Tage ändern sich zwar, abhängig von laufenden Projekten und dafür erforderlichen Reisen, er plant jedoch immer zwei Wochen im Voraus.

Sorgen Sie für gesicherten Telefon-Kontakt in Abwesenheit!

Dazu gehört der Anrufbeantworter („Voice-box"), die Ihre „Audio-Visitenkarte" darstellt, da Sie wohl kaum über eine „Telefonzentrale" verfügen, die Sie jederzeit vertritt. Für Ihren Text vom Band gelten einige wichtige Gesetze:

- Wer ruft bei Ihnen an? Wenn Sie Business-Calls auch auf Ihren Privatanschluss erhalten, vermeiden Sie „Du-Ansprache" und zu flapsige Formulierungen
- Halten Sie sich kurz: Der Anrufer sollte bis zum „Beep" durchhalten – und dennoch wissen, ob er richtig „gelandet" ist – also zum Beispiel so: „Schönen guten Tag, Sie erreichen den Anschluss von ABC. Danke, dass Sie anrufen – bitte hinterlassen Sie Ihre Nachricht nach dem Beep!"
- Sprechen Sie mittellaut, mittelschnell und jedenfalls deutlich; so, wie Sie auch sonst sprechen, im natürlichen Leben: Wer Sie kennt, sollte Sie wieder erkennen; wer noch nicht, dann dafür später im wirklichen Leben
- Fordern Sie auf, jene Informationen zu hinterlassen, die Sie benötigen: Name, Telefonnummer und Zeit, zu der der Anrufer erreichbar ist

„… Nennen Sie Ihren Namen, die Telefonnummer und wann Sie erreichbar sind, danke!". Die Information über den Zeitpunkt des Anrufs sollte Ihnen die Technik liefern

Für einen professionellen Sprechtext sorgt zum Beispiel Ilka Groenewold *www.ilka-music.com*; sie verspricht Beispiele auf Anfrage an *ilkagroenewold@gmx.de*.

Vielleicht setzen Sie einen Büroservice ein, um immer erreichbar zu sein? Dann gelten die gleichen Vorgaben wie oben! Und wie ist das mit der Anruf-Weiterschaltung? Hmm, sie macht dann Sinn, wenn Sie per Handy tatsächlich erreichbar sind. Ansonsten gilt für die Handy-Voice-box „siehe oben"!

Toll, wenn Sie doch über eine Art Telefonzentrale verfügen, weil Ihr Partner Telefondienst macht, während Sie unterwegs sind – oder ein Kollege, mit dem Sie sich damit abwechseln. Dann gilt ergänzend – übrigens auch für den Büroservice! -: Diese Person muss exzellent gebrieft sein:

- für welche(n) Anrufer sind Sie zu welchen Zeiten unter welcher Telefon-Nummer erreichbar
- zu welchen (anderen!) Zeiten rufen Sie (andere) Anrufer zurück; Nummer ist natürlich zu erfragen
- wann werden Sie wieder unter Ihrer Büro-(Festnetz-)Nummer persönlich ansprechbar sein?
- Welche Botschaft wird überhaupt gesendet – sind Sie einfach derzeit unterwegs oder soll bewusst eine konkretere Auskunft gegeben werden? Wenn Sie gerade „in New York" sind oder „beim Kongress in Genf", mag sich das ja gut machen ☺ …

Sie selbst müssen definitiv die von Ihrer Vertretung gegebenen Versprechen erfüllen und zum Beispiel innerhalb von vier Stunden zurück rufen. Kann diese Person Sie auch vertreten, wenn es darum geht, aus einem neuen Kontakt möglichst einen Kontrakt zu machen? Wir kommen auf Cross-selling und andere Zusatzverkäufe zurück, siehe Geben und geben lassen – haben Sie denn Ihr engstes Netzwerk schon genutzt?

Fazit

Vielleicht ist Ihnen bei der Lektüre dieses Kapitels ein Satz ähnlich jenem eingefallen, der dem letzten Präsidenten der Sowjetunion zugeschrieben wird, als Motivation für seine „Glasnost-„Politik der Öffnung: „Wer zu spät kommt, den bestraft das Leben." Genauer hingeschaut, geht es darum, genau rechtzeitig zu kommen: Auch viel zu frühes Agieren kann ins Leere münden! Dennoch gilt, lieber fünfmal zu viel Kontakt zu potenziellen Kunden als einmal zu selten. Sorgen Sie vor allem dafür, dass Sie jederzeit erreichbar sind, ob direkt oder indirekt, per Telefon oder E-Mail. Und dann auch in nützlicher Frist reagieren: Ob die zwei Stunden, zwei Tage oder zwei Wochen beträgt, hängt von Ihrer persönlichen Situation ab – und von der Erwartung Ihrer Kunden.

… doch gute Gewohnheiten bringen den Erfolg

Kaum zu glauben: Stefan Voigtländer hat mehr als zwei Wochen Verzögerung für das POM-Programm annähernd aufgeholt und die Programmierung mit nur zwei Tagen Verspätung fertig gestellt! „Wow, gratuliere, was bin ich froh!" lobt ihn erleichtert sein Auftraggeber, als der „Golife" bugfrei funktioniert! Sogar die Dokumentation ist umfassend greifbar und der erfolgreiche Programmierer richtig stolz auf sich ... „Und was hast du für dich gelernt?" fragt ihn der POM-Geschäftsführer? „Ach, im Grunde mache ich alles wie vorher auch" meint Voigtländer. „Der einzige Unterschied ist, dass ich mir einmal in der Woche eine Stunde reserviere, um die Folgewoche zu planen – und zwar immer Mittwoch Mittag, also genau zur Wochen-Halbzeit. Ich hatte ja meine Zweifel, ob ich das durchhalte – doch das geht prima. Egal ob im Zug, zuhause im Projekt oder beim Kunden, mein Palm erinnert mich mittwochs um 11 Uhr, also zwei Stunden vor der Planungspause. Das ist wahrscheinlich wichtig für mich, dass das mit der Mittagspause verbinde." „Tja" schmunzelt sein Gegenüber, „manchmal sind's die Kleinigkeiten! Und was genau machst du in der Planungsstunde?" „Ok, im ersten Schritt checke ich kurz meinen Arbeitsstand, also Meilensteine des aktuellen Projekts – oder der Projekte, wenn zwei oder drei parallel laufen. Dann schaue ich mir Kalender und Projektplan für die Woche bis zum kommenden Mittwoch an: Wie viel Zeit ist wofür verplant? Welche Puffer brauche ich? Was kann ich zusätzlich einplanen? Und schon sehe ich, wo ich meinen Kontakt-Halbtag am besten platziere. So halte ich auch meine Chancenabfrage für künftige Projekte strikt ein, indem ich sie schiebe – ausschließlich innerhalb der Woche. Dann fehlt mir die Ausrede, es doch nicht zu tun, ich überwinde meinen „Inneren Schweinehund". Apropos: Der Halbtag mit CRM-Check, E-Mail-Nachfragen und dem einen oder anderen Anruf beginnt – jetzt! Wie sieht es denn mit deinem Projekt aus, über das wir kürzlich gesprochen haben, hier steht in meinem POM, vor genau ... 17 Tagen?" grinst er seinen Auftraggeber an, der lachend den Daumen hebt ... „Gut gebrüllt, Löwe – ok, sprechen wir über ...".

Erfolgsgesetz 4: Die „Angst“ vor der Akquise akzeptieren und in positive Energie übersetzen

Beispiel: Der erste Schritt ist meist der schwerste!
Monika Pate (Fantasie-Name) ist Grafik-Designerin und schon einige Jahre aus dem Beruf raus. Das bedeutet, nach Ausbildung und mehrjähriger Anstellung bei einer Werbeagentur hat sie sich für eine Familienpause entschieden und nur gelegentlich als Freie Grafikerin das eine oder andere Projekt angenommen. Nun überlegt sie, wie sie wieder richtig in den Beruf einsteigen kann, den sie gerne zu hundert Prozent ausüben möchte. „Was mir am meisten Sorge macht“ erläutert sie der Berufsberaterin bei der Agentur für Arbeit an ihrem Ort, „woher kriege ich Aufträge? Mir bricht regelrecht der Angstschweiß aus, wenn ich nur daran denke, akquirieren zu müssen!“ „Wenn ich Sie recht verstehe, Frau Pate, dann fühlen Sie sich für die inhaltlichen Herausforderungen gut gewappnet, sind durch die gelegentlichen Projekte uptodate geblieben, was das Handwerkliche angeht – und natürlich genau so kreativ wie früher auch. Sorgen bereitet ihnen, Auftraggeber zu finden. Wie Sie vorgehen wollen, ist Ihnen auch klar: Zunächst sind da die Werbeagenturen, mit denen Sie in den letzten Jahren zusammen gearbeitet haben. Dass Sie von denen immer wieder beauftragt werden, ist auch ein tolles Feedback für Sie und die Qualität Ihrer Arbeit, oder?“ „Das stimmt natürlich und freut mich sehr! Sonst hätte ich auch kaum den Schritt gewagt, mich richtig selbstständig zu machen. Wovor ich wirklich Angst habe, ist die Ablehnung. Also, dass ich mich präsentiere, viel Aufwand habe – und dann kommt doch ein „nein“ oder ein „vielleicht bei Gelegenheit“. Und auch das Präsentieren macht mir Mühe ...“.

Was steckt hinter der „Präsentationsangst“?

Kürzlich erzählte mir ein junger Sozialpädagoge, welch hohen Respekt er vor Menschen habe, die frank und frei ihre Präsentationen vor Publikum ausführen; er habe da immer Bammel vor und brauche einige Minuten, sich sicherer zu fühlen. Hmm, kennen Sie auch? Ich jedenfalls – auch noch nach Jahrzehnten erlebe ich „Lampenfieber“ vor einer Präsentation, einem Workshop, einem Vortrag – und das ist gut so! Denn dieser erhöhte Pulsschlag bedeutet vor allem, das gesamte Körper-Geist-System ist auf das konzentriert, was nun folgen soll. Im Anklang an die Gefahren in der Urzeit des Menschen reagieren wir noch heute so wie damals: Wir versetzen uns in einen Alarmzustand, der dies erreicht:

- Mögliche Ablenkungen werden ausgeblendet: Sie kennen bestimmt das plötzliche Verschwinden von Hungergefühl, sobald das Präsentationsmeeting startet? Erst wenn das Meeting vorbei ist, merken Sie „den flauen Magen“ und kümmern sich nun um das Bedürfnis, das vorher ausgeschaltet war.
- Sie automatisieren sich und Ihr Tun: Was von Routinen abweicht, verwirrt und führt leicht dazu, den „Roten Faden“ zu verlieren. Deshalb

ist es entscheidend wichtig, vor der Präsentation alle Technik zu prüfen und einen „Plan B“ zu haben – also zum Beispiel die Powerpoint-Vorlagen durch Folienausdrucke zu ersetzen und dafür einen Overhead-Projektor zur Verfügung zu haben.

- Sie blenden das Umfeld aus: Viele Menschen tendieren dazu, sich beim Vortrag auf eine Person im Publikum zu konzentrieren. Natürlich sollte Ihr Blick durch den Raum schweifen, doch wenn Sie für einen Zuhörer sorgen, der Ihnen wohl gesonnen ist, Sie anlächelt statt die Stirne zu runzeln, gewinnen Sie sehr rasch ein Gefühl der Sicherheit und behalten das auch bei. Aktiv unterstützen lässt sich das dadurch, dass Sie in einem Vorgespräch tatsächlich einen Unterstützer gewinnen.
- „Der Körper ist willig, doch der Geist ist schwach“: Tja, das ist der Nachteil, dass in der „Gefahren-„Situation bestimmte Hormone ausgeschüttet werden, der berühmt-berüchtigte Adrenalinstoß. Er sorgt dafür, dass für den Moment viel Blut durch den Körper gepumpt wird – und das Gehirn eher minder versorgt wird: Ihr Körper soll routiniert reagieren statt bewusst gesteuert. Routine geht vielfach schneller! Was tun Sie, damit möglichst schnell wieder gilt: „… und der Geist ist wach“? Dafür haben Sie Notizen oder Ihre Powerpoint-Vorlage, damit Sie sich rasch wieder an Ihren Text erinnern.

Zusammen gefasst bedeutet das, wer „Angst“ vorm Vortrag, vor dem Akquise-Gespräch hat, dem steht ein sehr nützliches Instrument zur Verfügung: „Angst“ schützt auch vor Übermut – und letztlich davor, zu schlecht vorbereitet in eine Situation zu gehen, für die Sie eine Routine erst noch entwickeln müssen. Etwas für sich als nützlich erkennen, wird gelegentlich mit „Utilisieren“ bezeichnet. Dieser Begriff ist Ihnen vielleicht aus der „Ressourcen-orientierten“ oder auch „Lösungs-fokussierten“ Beratung bekannt: Gemeint ist, kurz gefasst, dass in jedem Verhalten ein „guter Kern“ steckt, der nutzbar gemacht werden kann, also „utilisiert“. Nehmen Sie zum Beispiel das notorische zu spät Kommen eines Werbetexters, das bei seinen Auftraggebern je nach aktueller Situation mal für ironische Bemerkungen sorgt, mal für erheiterte Entspannung – aber auch mal für starken Unmut, weil der Zeitplan aus dem Ruder gerät. Der Texter selbst weiß um seine Macke und um die Gefahr, Projekte zu verlieren. Dennoch tut er sich schwer, sich zeitlich anders zu orientieren.

Eines Tages wird er vom Agenturgeschäftsführer in ein ernstes Gespräch gezogen. Dabei stellt sich heraus und macht ihm bewusst, dass er wohl unbewusst einen Mechanismus zum Selbstschutz entwickelt hat: Er ist ein extremer Morgenmuffel und hat früher als Angestellter für manchen Eklat gesorgt. Nämlich immer dann, wenn er zu frühen Meetings quasi „abgeholt“ wurde und übel gelaunt nichts Nützliches beitragen konnte … Die Moral von der Geschicht´? Dieser Agenturmann wusste den Texter und seine Vorzüge sehr wohl zu schätzen und legte Meetings mit ihm künftig schlicht auf den Nachmittag. Voila, plötzlich war der Texter überpünktlich. Und lernte für sich daraus, die Vormittage für Kundentermine zu sperren …

Was bedeutet das nun, bezogen auf eine auf Angst basierende Abwehrhaltung gegenüber Akquise? Überlegen Sie für sich, was Gutes daran sein könnte, dass Sie Verhalten dieser oder ähnlicher Art zeigen:

- Sie kriegen einen flauen Magen, sobald Sie zum Hörer greifen, um B- oder C-Kontakte anzurufen (siehe Auftragslöcher vermeiden – durch CRM ..): Machen Sie zunächst einen anderen Anruf, damit Sie den zu Grunde liegenden Adrenalinstoß abbauen, bevor Sie Ihren Wunschkunden kontaktieren.
- Sie kriegen weiche Knie, wenn Sie vom Wagen in das Unternehmen gehen, bei dem Sie einen Präsentationstermin haben: Ist für Sie Telefonieren mit paralleler Präsentation übers Internet eine Lösung, mit der Sie einfach besser ankommen? Jetzt sind Sie aber in der Vis-a-Vis-Situation – rufen Sie übers Handy an, etwa weil Sie „fünf Minuten zu früh“ sind, passt es schon? Auch auf diese Weise bauen Sie Stress ab!

Lernen Sie so mehr über sich und Ihr Verhalten in Akquisesituationen: So stellen Sie sich besser auf den automatisierten Reflex ein, der Sie entweder zu „fight“ oder „flight“ führt – also konzentriert um den Auftrag zu kämpfen oder ihn aufzugeben. Das wird von Situation zu Situation unterschiedlich sein, abhängig auch von Aufwand und Ertrag, also Investition in das Gewinnen des Auftrags und Umsatz sowie Rendite, die Sie daraus erlösen:

Ein anderer in diesem Zusammenhang nennenswerter Begriff ist „Ökologie-Check“, der zum Beispiel im NLP (Neuro-Linguistisches Programmieren) angewandt wird: Was bedeutet es für Sie, ein Verhalten zu verändern? Welchen Aufwand investieren Sie im Verhältnis zu welchem Ergebnis? Wie (hoffentlich hoch-)wertig ist das erzielbare Ergebnis für Sie – und wie (hoffentlich gering-)wertig der nötige Einsatz, den Sie dafür leisten – müssen? Welche Nebenwirkungen sind zu beachten, will sagen, verlieren Sie vielleicht sogar einen Kunden A, der es ablehnt, dass Sie künftig für Kunde B tätig werden? Werden Sie zum Konkurrenten für Ihren bisher freundlich gesinnten (Trainer-, Berater-, Freelancer-)Kollegen, der Sie außen vor lässt, wenn darum geht, Ihr Thema bei seinem Kunden C zu bedienen? Sie sehen, „Angst“ kann von Vorteil sein, wenn Sie Ihnen hilft, auf wichtige Zusatzaspekte zu achten …

In Change-Prozessen arbeiten manche Berater mit der „Kündigungs-Triangel“ quasi im Überschneidungsbereich von OE (Organisationsentwicklung) und PE (Personalentwicklung): Tut sich ein Mitarbeiter (eine Führungskraft …) schwer, mit den anstehenden Veränderungen klarzukommen, etwa der Fusion mit einem bisherigen Konkurrenz-Unternehmen mit völlig konträrer Unternehmenskultur, kann er sich entscheiden zwischen diesem persönlichen Vorgehen:

- Love it: Er arrangiert sich mit der neuen Situation und lernt, für sich Positives daraus zu ziehen.
- Change it: Er geht offensiv damit um und schafft sich erfolgreich seine Position in der neuen Konstellation.
- … or Leave it: Er kündigt – real mit einem Wechsel in ein anderes Unternehmen, oder virtuell, also innerlich – um seine Energie künftig stärker aufs Privatleben zu konzentrieren, etwa ein Hobby …

Entsprechend geht es umgekehrt Führungskräften, die sich für den einen und gegen den anderen Mitarbeiter zu entscheiden haben. Lassen Sie uns dieses Modell vor Augen haben, wenn ich Ihnen nun einige Beispiele gebe, mit denen Sie „Angst essen Seele auf“ vermeiden:

Love it I: Lampenfieber kennen Sie auch bei Ihren Seminaren, Vorträgen, eigenen Präsentationen jeglicher Art, Projekt-Starts…

Auf diese Weise stellen Sie sich auf das ein, was folgt. Das bedeutet, im Grunde ist Lampenfieber normal, wichtig und hilfreich. Wenn Sie schneller „Herr des Geschehens“ sein wollen und die Anlaufphase abkürzen, dann nutzen Sie eines dieser Vorgehen – oder auch mehrere davon:

Mental beruhigen: Entspannungsübungen, leise Musik, einige Minuten mit geschlossenen Augen in einem ruhigen Raum aufhalten, mit einem lieben Menschen telefonieren …

Kontakt herstellen: bereits eingetroffene Teilnehmer (eines Publikums, einer Runde) ansprechen – sich bekannt machen, Small-talk, Erwartungen oder Status quo erfragen …

Sich heimisch machen: erforderliche Technik testen, den Raum aus der Sicht der anderen Personen betrachten, den Raum bewusst umgestalten – soweit möglich …

Einstieg präzise vorbereiten: kleine Geschichte zur Entspannung, Aufmerksamkeit heischende Stichworte, wen direkt wie ansprechen, Inhalt oder Programm kurz skizzieren …

Einstieg immer wieder üben: in der Vorbereitungsphase mit Veränderungen – das macht Sie flexibler, kurz vor der „Premiere“ nochmals wiederholen, Stichwörter auf der Memo-Card immer weiter verdichten und verkürzen …

Sich daran gewöhnen: mit vertrauten Menschen „üben“, vorm Spiegel testen und so die eigene Gestik, Mimik, Haltung und Bewegung beobachten und eventuell anpassen …

Ergebnis visualisieren: Sie stellen sich vor, was Sie am Ende dieser Präsentation, des Meetings, der Kreativsitzung erreicht haben möchten - und versetzen sich in diese Situation, die in der Zukunft liegt …

Erfolgserlebnis zurück holen: Sie erinnern sich an eine vergleichbare Situation der Vergangenheit – wie hat sich das für Sie angefühlt, wie klang das für Sie, was haben Sie gesehen …

Belohnung vornehmen: *„Sobald ich …, gönne ich mir …!“* Genau das können Sie tun, wenn Sie in eine Akquise-Phase gehen oder vor einem konkreten Akquisitionsgespräch sind:

Mental beruhigen: Gehen Sie die konkrete Akquise in Gedanken durch – lösen Sie sich dann davon und stellen sich bewusst eine Ruhe-Situation vor. Nun gehen Sie entspannter in Ihre Aktion.

Kontakt herstellen: Sprechen Sie mit dem Mitarbeiter im Empfang des Unternehmens, das Sie das erste Mal besuchen – oder mit „der Zentrale“ am Telefon, bevor Sie sich zu Ihrem Ansprechpartner durchstellen lassen, dem Sie Ihre Leistung vermitteln wollen. Auf diese Weise erfahren Sie mehr vorab!

Sich heimisch machen: Lassen Sie sich den Weg beschreiben, fragen Sie nach Parkmöglichkeiten, bevor Sie anreisen. Vor Ort fragen Sie nach der Toilette („wo kann ich Hände waschen?"), nach dem Besprechungsraum – und dort nach „Ihrem" Platz: So fühlen Sie sich „wie zuhause" …

Einstieg präzise vorbereiten: Entwickeln Sie Ihre Begrüßungsformel und Ihre Kurz-Präsentation, fürs Telefon wie fürs persönliche Gespräche (siehe Geben und geben lassen – Elevator Pitch).

Einstieg immer wieder üben: Wiederholen Sie ihn, verändern Sie ihn, reflektieren Sie darüber – so geht er Ihnen „in Fleisch und Blut über". Denn Sie wissen ja, „für den ersten Eindruck gibt es kaum eine zweite Chance"!

Sich daran gewöhnen, mit vertrauten Menschen – holen Sie sich Feedback vom Partner, vom Kollegen – aus dem Rollenspiel. Sie werden sicherer und haben vor dem Echteinsatz die Chance zur Korrektur!

Ergebnis visualisieren: Dabei hilft schon das Aufschreiben – damit kriegen Sie Ihren Erfolg sozusagen „in den Griff"! Wenn Sie das Notierte laut vorlesen, kommt das Hör-Erlebnis dazu; wenn Sie es sich „ausmalen", gedanklich, auch das Sehen: Je mehr Sinne Sie einbeziehen, desto näher rückt das gewünschte Ergebnis an die Realität heran …

Erfolgserlebnis zurück holen: Erinnern Sie sich an Situationen, in denen Sie Gewünschtes erreicht haben – ankern Sie diese durch ein Zeichen. Das sollte eher unauffällig sein, damit Sie es „im Fall des Falles" zurück holen können, etwa beim Akquise-Gespräch. Die bekannte „Becker-Faust" ist dafür also weniger geeignet, dito Gesten, die als Tick ausgelegt werden können. Manche Kollegen schnipsen leicht mit dem Finger, als hätten sie sich an etwas erinnert – was ja stimmt ☺ …

Belohnung vornehmen: „Sobald ich …" gönnen Sie sich ein Dankeschön, das Sie sich vorher versprechen: Schönes Essen, einen Fernseh- oder Kinofilm, Lesen, Event – allein oder mit Partner … Auch die „Shopping-Tour" gehört dazu.

Love it II: Aus „nein" mach „ja"

Einfacher gesagt als getan? Sie werden sich wundern! Hintergrund hierzu ist die Aussage vieler Externer auf die Frage „Was ist denn am schwierigsten, am aufwendigsten für Sie in der Neukunden-Akquise?": „Das Anbaggern" – „Das Anbiedern" – „Die vielen Neins bei Kaltkontakten". Aha! Dann vermeiden Sie doch genau diese drei Aspekte, nämlich Anbaggern, Anbiedern und neue Neins auf viele Erstkontakte. Das gelingt Ihnen besser, wenn Sie bereits vorhandene Kontakte erneut ansprechen, und zwar jenseits der Mehrschritt-Akquise: Sprechen Sie jene Ihrer Kontakte wieder an, die vor längerer Zeit „nein" gesagt haben, zum Beispiel so: „Herr Oberhuber, vor längerer Zeit hatten wir über … gesprochen – damals kam das für Sie weniger infrage. Nun, bevor ich jemand Anderen anspreche (jemand Vergleichbares), habe ich lieber Sie wieder angerufen – und zwar aus drei Gründen: 1. Fand ich unser beider Kontakt sehr angenehm, 2. bin ich zu faul, dauernd neue Leute anzubaggern und 3. meine ich, dass ich genau für Sie das richtige Angebot habe. Und was meinen Sie dazu?“ oder so ähnlich: Selbst wenn erneut ein „nein“ kommt, hat Sie das gerade mal fünf Minuten gekostet, frei von großer Vorbereitung oder Drumherum. Und weitest gehend stressfrei, wenn Sie Ihre Erwartung in Grenzen halten: Jedes JA einfach Grund zur Freude! Stressfrei auch deshalb, weil dieser Kontakt kein kalter ist, vielmehr ein bereits angewärmter, da stimmen Sie sicher zu!

Change it I: Durch Re-Formulieren ins Positive kehren

Wie einfach das gehen kann, habe ich bei der Arbeit mit einem Onlinemarketingprofi erlebt, der gut im Geschäft war – doch einen Bammel davor hatte, sich an neue Kontakte heran zu wagen. Der Knopf ging plötzlich auf, als er für sich statt „Kalt-Akquise“ bewusst formuliert hat, sein Ziel sei es, „Neukunden zu gewinnen“: Während „Akquise“ bei ihm dazu führte, dass es ihm kalt den Rücken runter lief, waren „neue Kunden“ für ihn etwas höchst Angenehmes.

Change it II: Drehen Sie ins Gegenteil!

Eine andere Methode für leichtere Akquise habe ich von einer Trainer-Kollegin gelernt, die mit Telefon-Akquise wenig am Hut hatte: Die höchst kreative Zamyat Klein machte aus „ich möchte X erreichen“ schlicht und ergreifend „ich möchte auf keinen Fall X erreichen“ und analysierte dann: Was muss ich konkret tun, um auf keinen Fall X zu erreichen? Es entstand eine richtig lange Liste! Nun war ihr ja bewusst, dass sie eigentlich das Gegenteil erreichen wollte – und drehte um, was in ihrer Liste stand. Probieren Sie das doch gleich mal aus und formulieren Ihre Akquiseziele „im Umkehrschluss“: So bekommen Sie einen Ausgangspunkt für Ihre kreativen Wunschlösungen!

Leave it I: Rollenspiele/Trockenübungen schaffen Routine!

Angst ist ein Gefühl, dass Ihnen Unsicherheit signalisiert. Eine Strategie zum Angstabbau sind Rollenspiele und Übungen. Bitten Sie also Partner, Kollegen und Freunde darum, eine Rolle einzunehmen. Toll ist, dass Sie zur gewonnenen Routine auch noch Feedback erhalten und so Ihr Vorgehen optimieren können: Ihre Gesprächsführung, Ihre Präsentation, Ihre Unterlagen …

Leave it II: Wechseln Sie die Bühne:

Öffentliche Auftritte erzeugen Nachfragen Auch zum Rollenspiel in geschützter Umgebung gibt es „das Gegenteil“: Übertreiben Sie bewusst, indem Sie eine für Sie scheinbar noch schwierigere Situation herauf beschwören! Das kann der Vortrag bei einer Kongressmesse sein, bei dem Sie statt sonst drei, acht oder fünfzehn Zuhörern deren 50, 100 oder noch mehr haben: Wenn Sie sogar das geschafft haben, was sollte Ihnen noch geschehen?! Und wenn´s schief läuft? Sie werden staunen, wie viel Verständnis die meisten Teilnehmer haben, weil sie sich nämlich durchaus in Ihre Situation hinein versetzen können! Ich gestehe es, einen meiner wichtigsten, angenehmsten, nettesten und dauerhaftesten Kunden habe ich aus einer Schnupper-Veranstaltung heraus gewonnen, bei der ich meinen Teil eher „grauenhaft“ absolviert hatte. Glaubte ich jedenfalls …

Leave it III: Gehen Sie rein statt anzurufen

Nutzen Sie Veranstaltungs-Pausen, nutzen Sie Leer- und Wartezeiten vor und nach dem Seminar, dem Projektmeeting, dem Führungskräfte-Coaching: Welche Firmen sind „rundum“? Wer sonst ist im Seminar- oder Übernachtungshotel gerade aktiv? Gerade wenn Ihnen direktes Ansprechen eher liegt als zu telefonieren – Nutzen Sie solche Gelegenheiten: „Ich bin gerade nebenan und habe Sie entdeckt. Mein Thema ist … - wie könnte ich Ihnen helfen?“ – Die weichere Variante dazu ist, direkt vor Ort um einen späteren Termin zu bitten statt später anzurufen. Dieses Verhalten kenne ich von Vertriebskollegen aus Ostdeutschland, die tatsächlich zunächst an der Haustür von Privatkunden den Termin vereinbarten, um dann zum Verkaufsgespräch ein zweites Mal wieder zu kommen. Der Grund: Zu DDR-Zeiten hatten nur zwei Prozent der Haushalte Telefon. Telefonieren war also eine eher ungewohnte Kommunikationsform.

Fazit

„Angst“ ist eine höchst natürliche Emotion, die auch in Zusammenhang mit Akquise auftritt und durchaus auftreten darf, gar soll: Schließlich soll diese zielgerichtet und mit sinnvollem Aufwand geschehen. Andererseits sollte auch klar sein, dass „Wasch mir den Pelz, doch mach mich nicht nass!“ selten funktioniert. Will sagen, in der einen oder anderen Form muss ein Externer „über seinen Schatten springen“ und sich für Aktivitäten entscheiden … Dass es eine Menge Ansätze dabei gibt, die „einfach so nebenbei“ funktionieren, erschließt sich aus den zitierten Beispielen und formulierten Ideen des Kapitels.

… doch schon als zweiter sehr viel leichter!

Was hat die Grafik-Designerin Monika Pate für sich entwickelt? „Ach, ich habe gelernt, die Akquise-Gespräche als identisch mit den Präsentationen zu meinen Projekten zu erleben“ erzählt sie der Beraterin im Abschlussgespräch nach einigen Monaten – die Förderung der Agentur für Arbeit ist nun ausgelaufen, sie ist voll im Geschäft. Wie sie das geschafft habe? „Als ich mir bewusst gemacht hatte, einfach kein Nein erleben zu wollen, habe ich für mich definiert, schon ein „Ja“ erhalten zu haben. Das ist mir auch dadurch gelungen, dass ich bei meiner früheren Agentur einen Raum für Akquise-Präsentationen nutzen durfte. Das war dann meine gewohnte Umgebung, mit der ich sehr viel Angenehmes und Positives verbinde. Das klappt natürlich nicht für jedes Gespräch – es gibt inzwischen auch Aufträge, für die ich quer durch Deutschland fahren muss. Vielleicht halten Sie mich für bekloppt: Ich habe mir mehrere Fotos von meinem Lieblingsraum gemacht, die ich im Laptop abgespeichert habe. Die rufe ich kurz vor der Präsentation auf und stelle mir vor, in diesem anderen Raum zu sein. Und ich habe gleich zu Anfang ein Chart dabei, das mich bei einer Präsentation dort im Raum zeigt – so führe ich mich beim potenziellen Auftraggeber ein, inklusive einer Art Empfehlung von meiner Ur-Agentur. Und ich fühle mich schlagartig wohl!“ Oha, die Beraterin der Arbeitsagentur fand das keineswegs bekloppt …

Interview mit Joachim Skambraks: Mr. Elevator-Pitch und Entdecker der Columbo-Strategie fürs Verkaufen

Worauf achten freie Experten in ihren Kontaktgesprächen aufmerksam, um Vorwand-"Fallen" zu entgehen?

Problematisch ist ja oft: Der potenzielle Kunde bekommt einen Bedarf unterstellt und dafür ein Angebot untergeschoben, das er gar nicht will. Die Königsdisziplin für mich ist es, durch gute offene Fragen so viele Informationen vom potenziellen Kunden zu bekommen, dass ich daraus ein individuelles Angebot erstellen kann. Vorwände kommen dann, wenn der Kunde seine Wünsche nicht erfüllt sieht oder mir noch nicht vertraut. Durch gute Informationsgewinnung kann ich diesen Vorwänden vorbeugen. Wenn ich durch gutes Zuhören so viele Informationen gewonnen habe, dass ich dem Kunden seine Wunscherfüllung durch mein Angebot aufzeigen kann, dann brauche ich auch nicht mit Vorwänden rechnen.

Dazu ist es Ziel führend, die „richtigen“ Fragen locker einfließen zu lassen, um „unverdächtig“ ins Gespräch zu kommen und wichtige Infos zu bekommen: Wenn ich einen Kunden durch gute und professionelle Fragen so begeistere und ihn in seine Wunschwelt entführe, dann ist es auch gestattet, einige offene Fragen stellen. Der Kunde erlaubt Fragen immer dann, wenn er spürt, dass wir uns für ihn interessieren und sein Selbstwertgefühl gesteigert wird. Sollte der Kunde dennoch fragen: Warum stellen Sie mir so viele Fragen? Dann antworten wir: „Lieber Kunde, ich möchte Sie nicht zutexten mit Produktmerkmalen, die Sie nicht interessieren. Ich möchte Ihnen ein individuelles Angebot machen. Deshalb brauche ich noch einige Informationen von Ihnen. Ist das für Sie ok?“ Höchstwahrscheinlich wird der Kunde zustimmen und wir stellen unsere Fragen. Wenn nicht, dann wissen wir bereits an dieser Stelle, wie gut es mit unseren Chancen für den Auftrag bestellt ist und wir brauchen beiderseits keine Zeit zu verschwenden.

Wann ist ein „nein“ wirklich ein „nein“?

Ein Nein kann tatsächlich ein Nein sein und soll auch so respektiert werden. Es ist doch oft in der Realität so, dass der Kunde mein Angebot jetzt nicht braucht. Das ist ok. Allerdings könnte es doch sein, dass er meine Dienste in drei oder sechs Monaten benötigt. Diese Option dürfen wir uns allerdings mental offen halten. Auch können wir danach fragen. Der Vorteil dabei ist: Wir finden heraus, ob unser Angebot grundsätzlich in Frage kommen würde. Und wir enden: „Lieber Kunde, ich respektiere, dass Sie mein Angebot jetzt nicht wahrnehmen. Wann ist es denn sinnvoll, dass wir wieder darüber sprechen?“

Was ist beim Stellen von Fragen noch zu beachten?

Die meisten extrovertierten Verkäufer machen einen Kardinalfehler: Sie können nicht zuhören. Die Kunst der guten Frage besteht darin, eine ehrliche offene Frage zu stellen und dann Schweigen zu können. Erst dann merkt der Kunde, dass wir uns wirklich für ihn interessieren. Zusätzlich gewinnen wir Zeit, um darüber nach zu denken, welche Fragen wir weiter stellen wollen.

Joachim Skambraks Elevator Pitch, Columbo-Strategie
www.intutraining.de

Erfolgsgesetz 5: Geben und geben lassen (statt Geben und Nehmen)

Beispiel: Von mir will die Presse eh nix wissen!
„Ach, ihr mit eurer Pressearbeit! Ich habe schon x-mal Infos verschickt und aufwendige Pressemappen vorbereitet, für Medienkonferenzen, zu denen dann keiner gekommen ist!" jammert Unternehmensberater Dieter Volkmar (Name geändert), dessen Kernbusiness die Betriebsberatung für Einzelhändler ist. Er sitzt mit alten Kumpels beim Stammtisch, bei dem zu sein er ein oder zwei Mal im Monat schafft, sonst ist er meist unterwegs. Die anderen sind Angestellte von herstellenden oder größeren Handelsunternehmen, doch sind auch Handwerker und Handelsvertreter dabei. Das Thema des Abends ist „Akquise" – der Tipp eines Geschäftsführer-Kollegen war eben „Klar fehlt dir die Zeit, dauernd neue Kunden anzubaggern – hast du schon mal Pressearbeit versucht? Da machen andere die Arbeit für dich!" ... Dieter Volkmar hat andere Erfahrungen gemacht, eine hitzige Diskussion entwickelt sich.

Wie kommt „man" in die Presse?

Sie lesen Fachzeitschriften, nehme ich an. Dann ist Ihnen vielleicht schon aufgefallen, dass „Personality-Geschichten" auch dort eine gewisse Rolle spielen, ähnlich wie in Illustrierten, den Publikums-Magazinen. Als Beispiel sei *managerSeminare* heraus gegriffen, neben *Wirtschaft und Weiterbildung* eines der beiden für Trainer und Weiterbildner relevanten Fachmagazinen. Dort erscheinen in jeder Ausgabe „Speaker´s corner" wie auch„characters" mit der Vorstellung eines Trainers, Beraters, Coachs oder Personalers. Über wen wird dort berichtet? Häufig über Vorstände von Verbänden: Wer sich so ehrenamtlich engagiert, hat offenbar etwas zu sagen. Was konkret, wird über einen standardisierten Fragebogen eruriert, womit diese „characters" vergleichbar werden. Und was meinen Sie, wäre es interessant für Sie, einem Publikum von einigen 10.000 Lesern in dieser Form vorgestellt zu werden? Die Chance haben jährlich allerdings gerade mal zwölf Personen von einigen tausend, die prinzipiell als Interview-Partner infrage kämen. Wie erhöhen Sie IHRE Chancen, einer aus diesem Jahres-Dutzend zu werden? Das ist das Thema dieses Kapitels!

Wieso soll das nun nebenbei funktionieren?

Paul Watzlawik wird häufig mit dem Satz zitiert „Man kann nicht nicht kommunizieren", womit er ausdrückt: Was immer wir tun oder auch unterlassen, es wird von unserer Umwelt aufgenommen und interpretiert. Weiter gedacht, bedeutet das auch, Sie können „nicht nicht Beziehungen haben", weil Sie dauernd in Kontakt zu anderen Menschen sind. Menschen, die Funktionen haben und die über Sie mit anderen Personen sprechen – die wiederum Funktionen haben. Hier wird ein anderer Satz relevant, mit dem Warren Buffet während der Finanzkrise 2008/2009 zitiert wurde: *„Es kommt weniger darauf an, mit wem man* *schläft, vielmehr darauf, mit wem die schlafen.“* Diese drastische Metapher zielte natürlich auf die Übertragung von Krankheitserregern hier wie dort … Achten Sie also sehr sorgfältig darauf, wen Sie für sich als Empfehlungsgeber sehen oder sehen möchten und entsprechend gezielt umwerben, mit Informationen versorgen oder selbst anderweitig ins Gespräch bringen! Dafür gibt es eine Menge Gelegenheiten, die mehr oder weniger „nebenbei“ möglich sind:

Netzwerke: soziale fürs business = Xing (Gruppen) und LinkedIn,
Sich dort einzutragen, mit einem Profil vertreten zu sein, dass ist die Grundlage: So werden Sie gefunden, wenn ein Auftraggeber oder Headhunter gezielt nach den von Ihnen genannten Stichwörtern sucht. Über Ihre Einträge und Beiträge in Foren, News und Event-Terminen schaffen Sie sich zusätzlich Raum bei den Suchmaschinen (siehe Entdecken und entdecken lassen – wer schreibt, der bleibt). Andererseits gibt es auch professionelle Netzwerke, bei denen Aufträge untereinander vermittelt werden, siehe BNI oder Business-Frühstücke. Die Verbindung aus beidem sind regelrechte Marktplätze, wie Sie sie beispielsweise auf Xing finden: Kennen Sie etwa die Gruppe „Freiberufler Projektmarkt“? Unterschiedliche Foren präsentieren Angebote, also zum Beispiel Ihre Leistung - und Nachfrage: Diese stammen von Firmen, die bestimmte Aufträge beziehungsweise Projekte zu vergeben und Positionen zu besetzen haben. Wenn das für Sie neu ist, schauen Sie gleich rein, welche Gruppen für Sie relevant sein könnten: Zunächst müssen Sie Mitglied werden, um auf Foren etwa auch für internationale Aufträge zugreifen zu können. Häufig wird eine Begründung für Ihren Beitritt gefordert – die fällt Ihnen doch sicher ein!

Auch hier gilt allerdings: Zeigen Sie Flagge, indem Sie aktiv sind. Schritt für Schritt bauen Sie Ihre eigene kleine Community auf und immer weiter aus:

Kontakte finden, binden und pflegen: Gehen Sie bei Gelegenheit Ihre Visitenkarten-Sammlung durch, gleichen Sie Ihre Mail-Adressbuch ab, was meist automatisiert möglich ist. Bieten Sie den Gefundenen einen direkten Kontakt an, mit einer kurzen Begründung: „… unser Gespräch bei …“ oder „… kennen uns von …“. Suchen Sie zudem auf Xing nach bestimmten Keywords, seien es Firmen Ihrer früheren Anstellungen, Nähe zu Ihnen, Branchen. Dafür können Sie auch eine Dauersuche eingeben, sodass Sie per Mail informiert werden, wenn eine passende Person sich neu auf Xing anmeldet. Wenn Sie dazu je Person „tags“ vergeben, also Suchstichwörter, können Sie später gezielt danach suchen und selektieren.

Kontakt-Chancen nutzen: Gratulieren Sie konsequent Ihren Kontakten zum Geburtstag, auch den loseren. Auf diese Weise entstehen Fragen und Antworten, weil die meisten Empfänger einer Gratulation neugierig aufs Profil des Gratulanten schauen. Gelegenheiten gibt es viele, neben den Geburtstagen: Alles, was Ihre Kontakte als Veränderung eintragen. Auf Xing werden Sie darüber auf der Einstiegs-Site informiert, wenn Sie diese entsprechend einstellen.

Kontakt-Chancen bieten: Stellen Sie Einladungen für Ihre Veranstaltungen auf Xing, laden Sie Ihre Kontakte dazu ein, je nach dem auch gezielt über die vergebenen tags. Reagieren Sie auf Antworten, auch auf die Neins, soweit Nachrichten dazu gesandt werden. Fassen Sie nach – etwa die Nichtreagierer und die „vielleicht"-Antworten. Antworten Sie selbst mit Nachricht, wenn Sie auf eine Einladung reagieren – und setzen Sie damit Duftmarken: „Da bin ich selbst im Seminar" oder „bin im Ausland" zeigt Sie gut ausgelastet oder im Stande, sich Urlaub zu gönnen …

Lassen Sie sich empfehlen und empfehlen Sie aktiv: Die „Kontakte Ihrer Kontakte" werden Ihnen meist angezeigt. Statt diese direkt anzusprechen, bitten Sie Ihren Kontakt um eine Vorstellung. Wenn Sie meinen, es könnte den beiden Personen helfen, stellen Sie sie einander vor. Laden Sie Kontakte und Nicht-Kontakte in eine potenziell interessierende Gruppe ein – und Sie kriegen selbst Kontaktanfragen daraus.

Schauen Sie ruhig auch auf Marktplätze oder „Jobs". Sprechen Sie Anbieter auch dann an, wenn Sie das aktuelle Angebot nicht interessiert oder Sie nicht dazu passen. Vielleicht haben Sie einen Tipp und stellen den Anbieter und einen Ihrer Kontakte einander vor – oder weisen schlicht auf Ihr Profil hin.

Verbände: Berufs-, Branchen-;

Einige sind sogar mit eigenen sozialen Netzen im Web, siehe bdvb (Bundesverband der Volks- und Betriebswirte, *www.bdvb.de*) oder habe eigene Gruppen in Netzwerken wie Xing. Das gilt etwa für die „Gesellschaft zur Förderung anwendungsorientierter Betriebswirtschaft und aktiver Lehrmethoden in Hochschule und Praxis e.V.". Mit seinen Aktivitäten ist GABAL e.V. Methoden- und Berufs-übergreifend tätig und vereint Personen, die sich der Weiterbildung verschrieben haben: als Trainer, Berater, Personalverantwortlicher („Zukunftsfähigkeit entwickeln") oder schlicht sich selbst weiter bilden wollend („Persönliches Wachstum"). Dieser führende Verband mag als Beispiel dienen, wie Sie sich einbringen können: Die Kontakte finden auf regionaler Ebene statt („Regionalgruppe", unterschiedliche Frequenz je nach Ort) und werden einmal jährlich in einem „Symposium" gebündelt. Wie auf Kongressen oder Messen haben Interessierte die Möglichkeit, zwischen unterschiedlichen Graden von Aktivität zu entscheiden: Wollen Sie einfach uptodate sein, indem Sie dabei sind und sich am Austausch beteiligen? Ist es Ihr Ziel, eigene Angebote auszuprobieren und zugleich durch Vorträge oder Workshops potenziell Interessierte auf sich aufmerksam zu machen? Könnte es Sie interessieren, was andere zu bieten haben, um sich mit denen zusammen zu tun, Kooperationen anzustoßen – oder schlicht zu kupfern?

Andere Mitglieder verlegen sich vor allem aufs Internet und präsentieren sich auf die eine oder andere Weise über die Websites von GABAL e.V.:

- *www.gabal.de*: Links zu Mitgliedern – exklusiv, von dort Verlinkung direkt auf die Mitglieds-Website
- *www.gabal.de*: Visitenkarten – die Bilder dazu werden (jeweils drei) rollierend beim Klicken auf eine der (Unter-)Sites gezeigt; Gratis-Werbung für Mitglieder

- *www.gabal.de*: Medien – White-papers, auch für Nicht-Mitglieder offen, gratis downloadbar
- *www.gabal.de*: Medien – Blogs: Hier sind Beiträge von jederperson herzlich willkommen
- *www.gabal.de*: Termine – hierüber sind Zeiten, Themen und Orte der Regional-Veranstaltungen bestens aufzufinden – und natürlich die Referenten
- *www.symposium.gabal.de*: Auf der Spezial-Symposiums-Website werden die Referenten des laufenden wie (mindestens) des Vorjahrs mit ihren Beiträgen aufgeführt – von dort Verlinkung zu deren Websites
- *www.kreativ.weiter.bilden.gabal.de* – war zum Beispiel die Zusatz-Microsite zum Symposium des Jahres 2009: Auf diese Weise werden Suchende zusätzlich „gefangen" und auf die anderen GABAL-Sites geführt
- *www.xing.com/net/gabal* ?? – in diversen Foren dieser Xing-Gruppe findet reger Austausch statt, inklusive Nicht-Mitgliedern.

Dies ist der Stand Anfang 2009, die Web-Aktivitäten des Verbands werden rege voran getrieben. Sie sehen, hier wird einiges von dem geboten, wofür bei anderen professionellen Sites viel Geld bezahlt werden muss, von Xing über diverse Portale zur Vermittlung (von Seminaren, von Projekten, von Interim-Aufträgen …) bis hin zu SEO-Marketing (Suchmaschinen-Optimierung). Was hier exemplarisch für GABAL e.V. gezeigt ist, gilt für viele andere Verbände. Für Sie relevante finden Sie zum Beispiel via www.dvwo.de, dem Dachverband der Weiterbildungsorganisationen. Für Berater ist der BDU eine wichtige Vertretung, für Freelancer gibt es zum Beispiel auch örtliche Gewerbeverbände oder Werbe- beziehungsweise Marketingkreise. Wenn Sie sich dort engagieren, sichert Ihnen das wieder „gute Presse". So berichtete etwa die Unterallgäu-Rundschau am 11. Februar 2009 über eine Werbefachfrau u.a. dies:

„Seit Januar 2009 ist Anja Dillge Vorsitzende des Mindelheimer Werbekreises und hat „eine ganze Menge vor", wie sie sagt: Mit knapp 80 Mitgliedern ist der Werbekreis der größte Zusammenschluss von Firmen und Gewerbetreibenden in Mindelheim. Zwei besondere Anliegen der neuen Vorsitzenden sind die Vereinheitlichung der Öffnungszeiten ... und die ... Verknüpfung von Altstadt und Allgäuer Straße ... Sie leitet ... ihre eigene Agentur „Glücksfall" ..." – als typische Freelancerin im Werbebereich, wäre zu ergänzen.

Während derlei Vereine strikt örtlich gebunden sind, sind die Marketingclubs unter dem Dach des DMV Deutscher Marketingverband eng vernetzt. Wer Mitglied in München oder Hamburg ist, kann genauso gut in Dresden, Düsseldorf oder Frankfurt bei Veranstaltungen mitmachen, zum Mitglieds-Status. Der Jahresbeitrag ist vergleichsweise hoch (in München zum Beispiel 270 EURO), darin ist allerdings etwa das Jahresabonnement der Fachzeitschrift absatzwirtschaft enthalten und der kostenlose Besuch der (meist mindestens monatlich statt findenden) Veranstaltungen sowie der exklusive Zugang zu internen Fortbildungs-Events. Das heißt, ähnlich wie bei anderen Vereinen geht es um Austausch, Fortbildung und geldwerte Vorteile. Freelancer stoßen beim Marketingclub (*www.marketingverband.de/marketing-clubs.html*) natürlich auf Firmen, die ihre potenziellen Kunden sein könnten … Wer als freier Journalist unterwegs ist, findet eine interessante Plattform bei einem der ebenfalls regional organisierten Presseclubs. Welcher Ihnen nächst gelegen ist, finden Sie zum Beispiel via *www.presseclub-muenchen.de*.

Manch ein Externer geht sogar so weit, einen eigenen Berufs- oder Branchenverband ins Leben zu rufen. Zwei Beispiele seien genannt:

- Dieter und Siglinde Sonnenholzer titeln auf Xing „Der Trainer- und Berater-Ausbilder“ und haben ihren eigenen „Berufsverband ausgebildeter Trainer und Berater“ gegründet. Der BaTB ist sogar Mitglied beim Dachverband DVWO e.V., was bedeutet, eine Mindest-Mitgliederzahl von 200 wird überschritten, großteils aus den eigenen Trainern und Beratern gebildet. Auf Xing gibt es eine eigene Gruppe.
- Christine Köppel mit ihrer Köppel-Akademie versucht sich mit ihrem EBESI e.V. international: European Business, Education and Science Institute versucht Grenz überschreitend Wirtschaft, Weiterbildung, Kultur, Politik und Wissenschaft unter einen Hut zu bringen, was natürlich auch etwas mit möglichen EU-Fördermitteln zu tun hat.

In welcher Form könnten Sie sich ein Beispiel nehmen an diesem Wiederaufleben vor allem der oralen Kultur, des mündlichen Austausches bei persönlichen Treffen?

Bei allen diesen Vereinigungen gilt: Sie schlagen mehrere Fliegen mit einer Klappe. Denn in Ihrer persönlichen Profession erhalten Sie erhebliche Unterstützung und finden zugleich Extra-Chancen für den einen oder anderen Auftrag – oder zumindest eine Empfehlung. Nutzen Sie die Gelegenheit für diese „Akquise einfach so nebenbei“, während Sie

- über einen Aggregator (Ihren Themenverband, der alles sammelt, was für die Mitglieder wichtig ist) relevante Infos zu erhalten, ohne selbst suchen zu müssen
- im Austausch mit Mitgliedern gleicher oder ähnlicher Profession immer uptodate sind und Anregungen erhalten
- für sich selbst persönliche Fortbildung zu günstigen Konditionen erhalten (oder gar zum Nulltarif!)
- bei vielen dieser Vereine sogar den Vorteil einer kostenlosen (oder sehr günstigen) Rechtsberatung erhalten – ähnlich wie bei Gewerkschaften, die in aller Regel nur Angestellte vertreten.

So stellt der bdvb (*www.bdvb.de*) seinen Mitgliedern einen Rechtsanwalt für Arbeitsrecht zur Verfügung, der zu bestimmten Zeiten via Sprechstunde telefonisch (oder auch persönlich) erreichbar ist. Der Bundesverband der Versandbuchhändler (*www.versandbuchhaendler.de*) wird sogar von Rechtsanwälten als Geschäftsführer geführt, die ansprechbar sind (auch für Einzelkämpfer unter den Mitgliedern, die es durchaus gibt) – usw. – Fragen Sie Kollegen doch einfach mal, in welchen Verbänden diese Mitglied sind, wenn Sie sich engagieren möchten.

Und wie ist das mit der Politik? Sie erinnern bestimmt, im Small-talk sind „no-go-Themen“ Religion, Sex und – Politik! Dennoch gilt, jedenfalls lokale Politik kann eine gerade für Externe interessante und relevante Bühne sein:

- Bekanntheit steigern, jedenfalls im Umfeld: Ist das für Sie relevant?
- Kontakte schaffen: Wenn Sie im Gemeinderat mit Kollegen zusammen arbeiten, die Bedarf für Ihre Leistung haben könnten, prima!
- Corporate Social Responsibility: Wer als Gemeinderat oder Bürgermeister einer kleinen Gemeinde seinen Beitrag leistet, gewinnt Pluspunkte in der Öffentlichkeit.
- Medienauftritte – lokale Blätter berichten gerne über Gemeinde- oder Stadtrats-Sitzungen – und vor allem über Wortbeiträge reger Räte.

Wohl gemerkt, wenn Sie an eine politische Karriere denken, geht das kaum „so nebenbei" – und verändert wahrscheinlich Ihren beruflichen Fokus grundsätzlich, hin zu Priorität 1 („Berufspolitiker") – und damit künftig zu niedrigerer Prio Ihrer Tätigkeit als Externer. Es gilt auch hier, die genannten Effekte entstehen aus der ehrenamtlichen Tätigkeit heraus. Wer sie als primäres Ziel sieht, wird damit eher scheitern.

Kongresse und Messen: Treten Sie auf und werden Sie bekannt

Früher wurden „Speaker" auf Kongressen oder Messe-Foren für ihre Auftritte bezahlt; das „passiert" heute kaum noch den Topp-Speakern. Ansonsten müssen Vorträge jedenfalls im Rahmen von Messen bezahlt werden oder sind exklusiv Ausstellern vorbehalten und in der Gebühr enthalten. Da nur begrenzt verfügbar, werden sie von diversen Messe-Organisationen sogar im Windhund-Verfahren vergeben, um so potenzielle Aussteller zu rascher Buchung zu motivieren. Das hat seinen guten Grund: Wenn Sie einen Vortragsraum – ob geschlossen oder offen – für sich haben, ist die Aufmerksamkeit Ihres Publikums voll auf Sie gerichtet. Am Messestand gibt es immer Ablenkung, beim Forum fangen Sie dagegen sogar Vorbeikommende ein, denen Ihr Vortrag gar nicht bewusst bekannt gewesen war. Messe-Aussteller versuchen natürlich, aus dem Vortrag heraus Gespräche am Messestand zu entwickeln. Wichtig ist, dass Sie jedenfalls möglichst viele direkte Kontakte aus dem Publikum heraus gewinnen. Das sind einige Möglichkeiten, potenzielle Interessenten zum Kontakt zu verlocken:

- Sie legen ein Handout aus und fordern auf, sich ein Exemplar abzuholen – im Austausch mit einer Visitenkarte oder dem Eintrag in eine (E-Mail-)Liste
- Sie versprechen vertiefende Unterlagen – das kann auch eine Artikel-pdf sein, erbitten dafür natürlich die Business-Card
- Sie bieten einen Newsletter (oder einen Beratungsbrief) an – wer will, bitte in die Liste eintragen
- Sie lassen sofort eine Teilnehmerliste rundgehen, auf der jeder ankreuzen möge, was (von zum Beispiel drei) weiter führenden Materialien er gerne hätte – und wie: per Post – bitte Adresse; elektronisch – bitte E-Mail
- Sie bieten ergänzend etwas zum Kauf an: Eine ausführliche Broschüre, etwa zu einer Studie, die Sie durchgeführt haben; ein Buch – von Ihnen geschrieben oder auch von einer dritten Person. Vorteil: Diese Interessenten haben gleich Geld ausgegeben; das ist wertiger als „nur Adresse gegen Material gratis"
- Sie verbinden die Übergabe der Visitenkarte (zusätzlich oder solo) mit der Verlosung einer interessanten Leistung: Seminarplatz; zwei

Stunden Gratis-Beratung; Projekttag gratis – was fällt Ihnen passend ein?

Klingt nach viel zu tun statt „einfach so nebenbei"? Überlegen Sie, für welche Aussteller einer Messe Sie einen Fachvortrag übernehmen könnten, der zu deren Leistung passt und zugleich Sie ins Gespräch bringt. Mancher Aussteller ist dankbar, weil die eigenen Leute im Regelfall zwar Verkaufs-Präsentationen drauf haben, tiefer gehende Hintergrund-Infos aber eher schlecht bringen können. Als „neutraler Dritter" bieten Sie einen für Interessenten eher ungefährlichen Zugang zu dem Anbieter, der Ihnen das Forum zur Verfügung stellt: Sie beide profitieren von den entstehenden Kontakten. – Eine weiter führende Variante sind Podiums-Diskussionen, die mehrere Fachleute diverser Anbieter vereint. Auch dort könnten Sie mitmischen, entweder als Projektverantwortlicher eines Ausstellers, als neutrale Fachperson – oder sogar als Moderator, der eine heraus gehobene Position einnimmt.

Besonders interessant ist das für Sie, wenn Sie eine Fachmesse sowieso besuchen möchten: So schlagen Sie mehrere Fliegen mit einer Klappe! Und wenn Sie „im Auftrag" unterwegs sind, übernimmt Ihr Auftraggeber sicher zumindest die Reisekosten oder sogar mehr … Sie sind weniger firm, was für Sie relevante Fachmessen angeht? Am besten gehen Sie direkt via auma auf die Suche, das ist des „Ausstellungs- und Messeausschuss der deutschen Wirtschaft e.V." (*www.auma.de*).

Ehrenamtlich tätig sein bringt Sie ins Gespräch – was sind Ihre Hobbies?

Bei welchen Vereinen sind Sie Mitglied – in keinem? Das ist eher ungewöhnlich, da im statistischen Mittel jeder Deutsche in etwa drei Vereinen (oder Verbänden) Mitglied ist. Überlegen Sie also, wo Sie Gleichgesinnte treffen, von denen sich der eine oder die andere auch als fürs Business interessant heraus stellen könnte: Sammeln Sie Briefmarken oder Münzen? Welche Sportart betreiben Sie (außer Jogging oder Walking)? Was findet in Ihrer Gemeinde statt, welche Vereine existieren? Denken Sie an Kulturelles: Musik – Instrument – Gesang – Literatur – Kunst … Ein weites Feld! Auch dort gilt, Sie werden zunächst vor allem geben statt zu erhalten: Vielleicht erwartet man Mitarbeit, ob bei Veranstaltungen oder im Vorstand – Ihre beruflichen Kompetenzen sind gefragt! Viele Vereine aktivieren ihre Mitglieder zu öffentlichkeitswirksamen „Ramma-dammas" (Aufsammeln von Müll in Landschaft, Wald und Sehenswürdigkeiten) oder Spenden-Flohmärkten, das auch als Ausschenken von Glühwein und Verkaufen von selbst gebackenen Kuchen auf dem Weihnachtsmarkt daher kommen kann.

Soziales Engagement verbunden mit weltanschaulich unterschiedlichem „Klüngeln" bieten Kreise wie Lion´s Club, Rotarier oder auch die Freimaurer. Meist in „chapters" organisiert, nimmt ein lokaler oder regionaler Kreis häufig nur einen Vertreter eines Berufsstands auf; den Kern bilden meist freie Berufe (wie Ärzte, Rechtsanwälte, Steuerberater …) und selbstständige Unternehmer. Da traditionell viele dieser Vereinigungen nach wie vor (primär oder ausschließlich) Männer aufnehmen, haben sich zwischenzeitlich eigene

Frauen-Vereinigungen gebildet. Wenn Derartiges für Sie interessant ist – auch finanzielle Zuwendungen für soziale Projekte werden in aller Regel erwartet! -, suchen Sie Kontakt zu einem Mitglied: Meist ist es nur auf Einladung eines Mitglieds möglich, selbst Zugang zu finden …

Gemeindeleben

Engagieren Sie sich in Ihrer Gemeinde? Dann verfügen Sie über Kontakte zu den relevanten öffentlichen Stellen – oder Sie kennen jemanden, der Ihnen einen Kontakt herstellt. Dabei hilft Ihnen wieder die Xing-connection – es gibt eine Menge Ortsgruppen dort, gerade von größeren Gemeinden oder Regionen, siehe zum Beispiel „Würmtal" nahe München. Wozu das Ganze? An zentraler Stelle – Rathaus, Marktplatz, Kirchengemeinde, Bahnhofsvorplatz – gibt es häufig Info-Tafeln, Schwarze Bretter oder Prospekt-Auslage: Nutzen Sie diese „Momente der Multiplikation": Dort informieren sich all jene, die etwas auf der Gemeinde zu erledigen haben – gerade ihre Mittagssemmel kauen und dabei ein paar Minuten in der Sonne stehen wollen – andere Wartezeiten nutzen, sich die Beine zu vertreten. Wer darf dort veröffentlichen? Wenn Sie Privatleute ansprechen, kann Ihr Thema für Sonderzielgruppen relevant sein: Familien, Alleinerziehende, Senioren, Arbeitslose – seien sie kreativ! Im Business-Bereich sollten Ihre Zielpersonen eher in KMUs sein, auch denen fühlt sich der Gemeinderat (beziehungsweise „die Verwaltung") verpflichtet …

Bewegen Sie sich auf der Verbindungslinie von Staat und Wirtschaft

Dazu gehören die Industrie- und Handelskammern und weitere Institutionen. Seien Sie offen für diese Themen:

- IHK-Prüfer: Für welchen Ausbildungsberuf könnten Sie aktiv sein? Siehe Medienkaufleute diverse, siehe Kommunikationskaufleute, IT usw. Voraussetzung ist dafür, dass Sie über die Ausbildereignung verfügen und bereits Nachwuchs ausgebildet haben. Außer einer Kostenerstattung dürfen Sie für diese Tätigkeit allerdings nichts Finanzielles erwarten.
- Öffentlich vereidigter Gutachter – siehe Werbung, IT und viele andere. Mit einem gewissen Aufwand verbunden, weil Sie ein Zulassungsverfahren durchlaufen müssen, das auch Geld kostet. Dafür gibt es im Fall des Einsatzes auch Honorar!

Sie gewinnen interessante neue Kontakte und bringen sich in relevanten Kreisen ins Gespräch. Was Sie weniger erwarten dürfen, sind öffentliche Aufträge – etwa für Ihr Fachgebiet via IHK promotet. Vielleicht schaffen Sie es aber, mit einer Nachricht oder gar einem Interview in Ihrer regionalen IHK-Zeitung (oder –Zeitschrift) zu erscheinen …

Bieten Sie an, Ihre Kompetenz einzubringen

Zunächst einfach Mitglied zu werden und mal sehen, was auf einen zukommt, ist eine Variante. Eine andere ist, das „Geben" sofort zu signalisieren. Überlegen Sie, welches Angebot für eine allerdings meist kostenlos Aktivität Sie formulieren könnten: Als Moderator beim XY-Verein, als Berater bei ABC, als Projektmanager fürs NN-Netzwerk … Besonders gefragt sind „Moderatoren“ von Web-Gruppen und –Foren, die sogenannten „Community-Manager“: Wie ist Ihre Kompetenz in diesem Bereich? Da sind vor allem IT-Freelancer angesprochen, die im wirklichen Leben ja auch ihre (Ihre?) Projektteams führen: Machen Sie sich als (Co-)Moderator einen Namen innerhalb eines relevanten Kreises!

Die gute, alte Visitenkartenparty

… kennt mancher vielleicht noch aus den Achtzigerjahren, da hatte sie Hoch-Zeit; später wurde „Networking“ daraus. Was damals der Verlag Norman Rentrop mit seinem Werbeberater-Loseblattwerk (heute: VNR Verlag für die deutsche Wirtschaft, www.vnr.de) als absolute Neuheit aus den USA adaptiert und in Deutschland kreiert hat, gibt es zwischenzeitlich als eine Art Franchise-System in vielen deutschen Städten: Bei www.visitenkartenparty.biz. erfahren Sie mehr, etwa über die nächste Gelegenheit in Ihrer Nähe! In lockerer Atmosphäre ergeben sich zufällig Gelegenheit, gesteuert zugleich durch Animation (Kontakt-Spiele, für die der lokale Verantwortliche sorgt, der in aller Regel den Abend moderiert) wie durch Kontaktwände, auf denen sich die Teilnehmer in kurzer Form präsentieren und die halbe Stunde benennen, in der sie ansprechbar sind; zudem kann dort eine Visitenkarte entnommen oder auch die eigene eingespeist werden. Einfach mal probieren!

Allzeit bereit: Ihr Elevator Pitch

Sagen Sie in wenigen und kurzen Sätzen, was Sie so besonders macht:

- Was ist Ihr „USP“ (unique selling proposition) – was macht Sie einzigartig? Was ist Ihre Alleinstellung gegenüber anderen, die Ähnliches wie Sie anbieten? Warum soll der Hörer Sie buchen, auswählen, beauftragen? – Was sagt Ihr Slogan aus? Wenn Sie noch keinen haben und auch keinen USP formuliert, ist jetzt der richtige Moment gekommen, dies zu tun!
- In welcher verbalen Form vermitteln Sie Ihre Kernbotschaft, also die zentrale Aussage über Ihre Dienstleistung? Kollege Giso Weyand nennt das die „Botschaftslinie“, zu der aus meiner Sicht auch der Claim gehört: „Aus Freude am Fahren“ oder „Leistung aus Leidenschaft“ sind klassische Beispiele dafür. Im Marketing-Deutsch ist die Rede von „reason why“, also der Begründung, und dem „consumer benefit“, also dem Verbrauchernutzen, der verbalisiert wird.
- Beachten Sie die Dramaturgie, die ähnlich natürlich für Ihre Präsentationen generell gilt, im Besonderen dann, wenn Sie innert kürzester Zeit „auf den Punkt bringen“ wollen, was Sie zu bieten haben: Spannende Einleitung – Spannungsaufbau – Spannungsauflösung – Folgeimpuls.

Einer der „Spezialisten für den Elevator Pitch“ ist Joachim Skambraks (*www.intutraining.de*). In seinen Trainings wie auch Publikationen finden Sie eine Fülle von Wegen, Ihren persönlichen Elevator Pitch zu entwickeln. Er empfiehlt, in der extremen Kürze verfügbarer Zeit vier grundlegende Bedürfnisse von Menschen anzusprechen, von denen (mindestens) eines auch beim aktuellen Zuhörer passen dürfte: 4 P´s im Englischen, nämlich **P**eace, **P**rofit, **P**ride, **P**leasure. Sie entsprechend in etwa Prestige, Gewinn, Spaß und Sicherheit – oder in der Reihenfolge der Bedürfnispyramide nach Abraham Maslow von unten nach oben: Sicherheit – Gewinn – Prestige und Spaß (Selbstverwirklichung). Dazu kommen sogenannte „10 Erfolgsregeln“:

1. *Seien Sie Zuhörer orientiert*
2. *Beginnen Sie mit einem Interessen-Katalysator*
3. *Was ist der Grund, sich an Sie zu erinnern?*
4. *Beschreiben Sie die Idee – statt ... die Dienstleistung*
5. *Verwenden Sie eine bildhafte Sprache*
6. *Was ist die Problemlösung?*
7. *Was hat der andere davon?*
8. *Das Ende: Zur Tat auffordern*
9. *Zeigen Sie Begeisterung*
10. *Übung macht den Meister.*

Aus der Fülle von Skambraks´ Musterbeispielen sei dieses von einer Unternehmensberaterin zitiert:

Die Segel-Metapher – oder: „Von der Kunst, ein Unternehmen durch die raue See zu navigieren. Segeln Sie gerne oder wollten Sie immer schon mal gerne segeln? Stellen Sie sich vor, Sie wollen an einer der schwersten Regatten der Welt teilnehmen, dem America´s Cup. Was brauchen Sie dafür? Sie brauchen eine Vision. Sie müssen Ressourcen und Finanzen planen. Sie legen den Kurs fest. Und wenn der Startschuss gefallen ist, müssen Sie laufend navigieren.“ Darauf zielt eine Unternehmensberaterin mit ihrem Elevator Pitch: „Ich bin Angelika Jahn und habe ein Konzept für maßgeschneiderte Unternehmenssteuerung entwickelt und ihm einen Namen gegeben: Das Regatta-Konzept. Und worum geht es in meinem Konzept? Wie kann man ein Unternehmen durch die raue See des Wettbewerbs steuern? Dafür liefere ich maßgeschneiderte Werkzeuge. Wie ein Lotse komme ich für eine bestimmte Zeit auf das Unternehmensschiff und biete meine Erfahrung von über 15 Jahren kaufmännischer Unternehmenssteuerung.“ Auf welche Tools daraus wären Sie besonders neugierig – das könnte die abschließende Aktivierungsfrage dazu sein.
(*www.regatta-konzept.de*)

Ob mit oder ohne Metapher, so oder so kurz und bündig – wie lautet künftig Ihr 30-Sekünder, Ihre Botschaft auf den Punkt gebracht? Am besten notieren Sie gleich hier einige Gedanken dazu:

____

____

____

____

____

____

____

____

Tipp

Fragen Sie Kunden, Teilnehmer, Partner, was an Ihnen anders ist als bei anderen (Trainern, Beratern, Freelancern…). Gewünscht sind zwei, drei Sätze möglichst konkreten Inhalts.

Haben Sie denn Ihr engstes Netzwerk schon genutzt?

Das sind Ihre Kunden, die Sie bereits haben! Machen Sie mehr aus den bestehenden Kontakten statt unbedingt neue zu „jagen“ und sich für Kaltakquise warm anziehen zu müssen. Zusatzverkäufe ergeben sich „einfach so nebenbei“, wenn Sie dafür die Voraussetzungen in der Kundenkommunikation schaffen:

- Verbessern Sie Ihren Service, das verstärkt die Kundenbindung ganz enorm!
  Einfacher gesagt als getan? Ein Projektmanager bringt zu den Meetings ein Handout bereits kopiert mit statt es vom Kollegen vor Ort kopieren zu lassen: Ein Detail, das gerne wahr genommen wird. Was fällt Ihnen dazu ein, neben den Keksen für die Besprechung oder den Blumen für die Sekretärin? Service heißt, direkt auf Thema und Projekt bezogen!

- Versorgen Sie die „Gerüchteküche“
  Dazu gehört, Ihren Kunden zu signalisieren, Sie seien (besonders) gut beschäftigt und nachgefragt. Es entsteht eine Art „Engpass-Sog“ und so die Sorge, Ihre Leistung sei nur teilweise greifbar, müsse gesichert werden. Durch Zusatzaufträge, vorgezogene Projekte und Trainings. Setzen Sie diese „Gerüchte“ gut dosiert ein, sonst könnte das ein „Rohrkrepierer“ werden! Warren Buffet wurde während der Finanzkrise mit den Worten zitiert: *„Erst wenn Ebbe herrscht, wird erkennbar, wer nackt gebadet hat.“* Vermeiden Sie also zu viel Show ohne Grundlage, prüfen Sie sorgsam, wie viel „mehr schein als sein“ Sie einsetzen wollen. Nutzen Sie andererseits diese Chance zur Selbst-PR bei bestehenden Kunden – und darüber hinaus bei früheren Kunden sowie potenziellen Neukunden.

- Werfen Sie Ihrem Kunden einen Stein in den Garten
  Sie erfahren von einem anderen Projekt Ihres Kunden, für den Sie gerade tätig sind? Natürlich fragen Sie interessiert nach Details, vermeiden es allerdings, ein „Verhör“ daraus zu machen: „Ach, das ist ja interessant! Worum geht es denn dabei konkret?“ ist eine weiter führende Frage. Sie hören zu und machen dann deutlich, dass Sie gerne dabei wären, natürlich in einer aktiven (und bezahlten) Rolle. Mit Glück stoßen Sie offene Türen auf, mit weniger kommt eher eine verklausulierte Ablehnung. Damit lassen Sie es gut sein. Im Nachklang dazu liefern Sie (per E-Mail) Input für das Projekt oder die Veranstaltung, und zwar wertigen Input, der Ihren Gesprächspartner weiter führt – unverbindlich, wie Sie betonen: „Ihr Hinweis auf … ist mir im Gedächtnis geblieben. Aus meiner Erfahrung zu … denke ich, hilfreich könnte es sein, wenn … Hoffe, Ihnen damit zu helfen.“ Gelegentlich führt nach dem Gesetz des Gebens ein solcher „Stein im Garten“ zu einem „Stein im Brett“, den Sie künftig bei Ihrem Kunden haben. Und manches Mal sogar zum Erfolg. So freute sich eine mir gut bekannte Unternehmensberaterin herzlich darüber, dass aufgrund ihrer Hinweise der oberste Chef, den sie supervidierte, schließlich anrief, um sie zu einem Kreativworkshop einzuladen, für eine moderierende Rolle und gut bezahlt. Natürlich war das ihr Hintergedanke, den sie mit geringem Aufwand

„aus dem Handgelenk heraus“ ausführte. Und der letztlich belohnt wurde: Behalten Sie den Gedanken für eine nächste Gelegenheit! Wenn die einfach nicht kommen will, führen Sie sie herbei. Indem Sie – bei einem Gespräch am Rande – fragen, einfach so nebenbei: „Und was tut sich sonst bei Ihnen – viel los?“ oder so ähnlich. Ein freundlicher Small-talk dieser Art hat schon Wunder gewirkt …

- Setzen Sie „Marktforschung“ ein: Fragen Sie Kunden tatsächlich oder überlegen Sie, was für diese relevant und interessant sein könnte. Kommunizieren Sie diese „Ergebnisse“ zum Bespiel wie folgt: „Wir haben unsere Kunden gefragt – und die meisten Antworten betrafen folgende drei Themen: 1. …, 2. …, 3. … Welches davon hätte denn für Sie Priorität 1, wenn Sie „in statu decendi“ wären, also sich zu entscheiden hätten?“ Sie versetzen Ihren Gesprächspartner auf diese Weise in eine hypothetische Situation …
- Daraus entstehen mindestens drei Ansätze, mit denen Sie sozusagen auf die eruierten Wünsche Ihrer Kunden reagieren:

  Cross-selling: Zum Wartungsvertrag der Software künftig auch Einführungsschulungen für regelmäßig dazu stoßende neue Mitarbeiter. Zur Kleingruppe „Business-English“ das Einzelcoaching für die Chefin. Zum Texten der Gebrauchsanleitungen auch der Werbetext für die Verkaufsbroschüre …

  Up-selling: Sie liefern das EDV-Programm – wer die Wartung? Sie sind für Basis-Schulung zuständig – was passiert mit den Mitarbeitern danach? Sie beraten den Existenzgründer zur Finanzierung – was wird aus seinem Controlling? …

  Pakete verkaufen: Das kann eine Folge von Beratungen oder Trainings sein statt einer „Eintagsfliege“ – eine Artikelserie statt eines einzelnen Zeitungsbeitrags vom Lokaljournalisten – ein Coaching-Abo übers Jahr statt „jetzt machen wir mal eine Sitzung“.

In aller Regel erwarten Ihre Gesprächspartner auch finanzielle Vorteile im Sinne von „Statt sonst einzeln – also in Summe 10.000 EURO - hier zusammen nur 8.500 EURO“. Was Sie sinnvoll machen können, wenn Sie alleine die gesparte Zeit fürs Akquirieren anderweitiger Projekte kalkulieren!

Auch hiermit geben Sie etwas weiter:

- Themen erweitern: Konflikte entschärfen – Kommunikation im Team. Team entwickeln – Führungskraft werden. Kalkulieren mit Excel – Kontaktmanagement mit Excel …
- Produkte erweitern: Zum Sprachkurs die Übersetzung, zum Training die Beratung, zum Workshop das Video …
- Diversifizieren Sie: horizontal, zum Beispiel: Excel schulen – Outlook schulen; vertikal, also etwa: Outlook schulen – Outlook-Programm verkaufen

Fazit

Behalten Sie alle Facetten des Marketing im Blick, wenn Sie sich Gedanken über Akquise machen. Kommunikation (Promotion) und Vertrieb (Placement) sind zentrale Aspekte, doch gehören auch Produkt und Public Relation (Medienarbeit) dazu - und der Service, den manche Mitmenschen mit „Pämpern“ bezeichnen …

… das ändert sich, wenn es ums Gemeinwohl geht!

Am Ende des Stammtisch-Abends hat die Runde mächtig getankt und verzichtet deshalb auch auf die eigenen Autos: „Hitzige Gedanken erfordern kühlende Getranken“ witzelt Dieter Volkmar gut aufgelegt. Am folgenden Morgen geht es seinem Kopf zunächst weniger gut, trotzdem hat er einen wichtigen Gedanken behalten: Gerade bei Pressearbeit geht es weniger darum, möglichst penetrant immer wieder Informationen, Artikel und Unterlagen in den Pressemarkt zu pumpen. Vielmehr braucht es Anlässe, die für Magazine, Funk und Fernsehen des Berichtens wert sind. Unternehmensberater Volkmar nimmt sich vor, künftig das „Geben“ mehr im Sinne von „aktiv dabei sein“ zu verstehen und geduldig darauf zu warten, von Medien angesprochen zu werden. Zugleich nimmt er für sich den Druck aus dem Akquise-Thema, indem er sich stärker auf bereits bestehende Kunden konzentriert: Was sonst könnten die von ihm brauchen, wie sollte er Themen und Vorgehensweisen erweitern? Dabei hilft ihm auch der Austausch in seinem Berufsverband, bei dem er sich künftig stärker engagieren will: Wie wertvoll schon ein Stammtisch sein kann, hat er am Vorabend erfahren! In den nächsten Wochen ist Dieter fast jedes Mal dabei – geht doch …

Erfolgsgesetz 6: Texte auf den Punkt gebracht

Beispiel: Eine wortgewaltige Externe

Renate Vorzeiger (Name geändert) ist studierte Finanzfrau und berät Unternehmen in Buchhaltung, Kostenrechnung, Steuerfragen und Controlling – eine echte Zahlenfrau eben. Dazu gibt sie Kurse in privaten Weiterbildungsinstituten sowie an (Fach-)Hochschulen ihrer Region. Ehrenamtlich ist sie im Präsidium eines Verbandes tätig, das sich mehrfach im Jahr persönlich trifft. Im Randgespräch eines solchen Treffens geht es um die Frage, mithilfe von Veröffentlichungen bekannter zu werden und so im Laufe der Zeit neue Kunden zu gewinnen. „Klar möchte ich das" meint sie, „Artikel schreiben und Kunden finden. Doch Schreiben ist nicht mein Metier. Abgesehen davon, dass mir die Zeit fehlt ...".

Was man schwarz auf weiß besitzt ...

... kann man getrost nach Hause tragen: Dieses Goethe-Zitat gilt auch noch in Zeiten elektronischer Wissensvermittlung. Wie ist das nun mit „Dienstleistung schwarz auf weiß"? Beratung, Training, Projektarbeit seien verdammt schwer zu verkaufen, meinen manche Externe, weil diese Leistungen sehr abstrakt seien. Waren dagegen seien greifbar und sichtbar, ob nun Maschinen, Geräte, Lebensmittel, Einrichtungsgegenstände ... Daraus resultiert auch die Einstellung, möglichst gleich ein Buch zu schreiben: So werden Inhalte vorzeigbar, greifbar seien Kompetenz und Expertise nachgewiesen. Einem potenziellen Interessenten ein Buch überreicht, ob er´s nun liest oder nicht, damit sei viel gewonnen. Stimmt, siehe das Kapitel „Haptik" – nur: ein Buch zu schreiben, braucht eine Menge Zeit und Know-how, wenn denn etwas Nützliches heraus kommen soll. Nützlich für den Leser, nützlich für den Verlag, nützlich für den Autor: Vorsicht vor „Buch als Marketinginstrument"! Tun Sie am besten zunächst kleine Schritte, Ihr Können (nach)lesbar zu beweisen. Das kann so gehen:

Story telling: Erzählen Sie Geschichten!

Bleiben wir beim Buch: Viele Wirtschafts-Sachbücher in den USA kommen als Roman daher. Die aufzunehmenden Botschaften sind in eine Geschichte verpackt – oder in mehrere. Das macht diese Bücher leichter lesbar und damit besser verkaufbar. Zu Nutze machen sich die Autoren dabei diese hilfreichen Aspekte:

- episodisches Gedächtnis Ereignisse, Geschehnisse werden erinnert, dazu auch konkrete Fakten, wenn diese in eine logische Abfolge eingebunden sind. Bestimmt ist es Ihnen schon passiert, dass Ihnen zu einem Stichwort eine Geschichte einfällt, die damit in Zusammenhang steht. Antike Wissenschaftler haben eine Memo-Strategie daraus entwickelt, die im Mittelalter wieder entdeckt worden ist: Merken im Umfeld, etwa durch das Einstellen von Gegenständen in ein Haus – oder das direkte Verbinden dieser Gegenstände mithilfe einer Geschichte.

- Sie werden glaubhafter, wenn die Information von einem neutralen Dritten kommt: Legen Sie Ihr Wissen, Ihre Botschaften einer dritten Person „in den Mund“ – das ist eine Art von PR!
- Sie nehmen sich zurück, etwa beim Small-talk: Wenn schon nicht Ihr(e) Gesprächspartner zu Wort kommen, ist es jedenfalls ein (unsichtbarer) Dritter. „Ich-Erzähler“ sind als Vielschwätzer eher weniger beliebt! Was bei der Party gilt, wirkt entsprechend in der Präsentation, beim Seminar – im Buch.
- Schließlich sind Geschichten unterhaltsamer als sachliche Darstellungen – Belletristik liest sich leichter als ein Sach- oder Fachbuch. So gesehen, gehören Wirtschaftsromane wie „Der Coach“ bei managerSeminare zur leichten Lektüre, die in der Freizeit unverdächtig konsumiert werden dürfen J.

Übrigens ist auch der Elevator Pitch – Ihre 30-Sekunden-Kurzvorstellung, siehe Geben und geben lassen – allzeit bereit – eine Geschichte. Ähnlich kurz sollte die Ihre auch sein, damit Sie vermeiden, Ihr Gegenüber „tot zu quatschen“. Beenden Sie Ihre Geschichte immer so ähnlich wie „Ja, das war meine Geschichte über …“ und schließen eine Frage an, mit der Sie das Wort an eine andere Person übergeben: „Woran erinnert Sie das?“ oder „Welche Geschichte ist Ihnen denn dabei eingefallen?“ …

Bildhaft schreiben

Im Geschichtenerzählen ist das Visualisieren von Geschehnissen bereits enthalten. Doch auch bei anderen Beschreibungen – kürzeren Texten, Briefen, Artikeln … - zeigen Sie auf, malen Sie bunt aus und zeichnen für Ihre Leser konkret nach, was Sie an den Mann zu bringen haben. Die Aussage „Ich bin seit 30 Jahre im Marketing unterwegs – als Trainer, Berater und Interim-Manager.“ Ist absolut klar und korrekt. Wie finden Sie diese Alternative: „Wer schneller und leichter Kunden gewinnen möchte, findet bei mir ein Füllhorn an Marketing-Ideen – und das seit drei Jahrzehnten!“ oder „Wenn Sie Stammkunden auf ewig an sich binden wollen und aus Kontakten lukrative Kontrakte machen, fragen Sie mich!“. Sie merken schon, die Aussage sollte zu Ihrem Auftreten an sich passen – und natürlich zu Ihren Kunden: Die Gratwanderung zwischen „den merk´ ich mir!“ und „Mann, ist der penetrant und von sich eingenommen …“ ist eine verdammt enge. Jedenfalls entsteht auf diese Weise eine „Gratwanderung“ anstelle eines langen Marsches mit vielen Umwegen!

Das hilft Ihnen dabei, wenn Sie erreichen wollen, dass Ihr Gegenüber sich rasch „ein Bild von Ihnen machen“ kann:

- Nennen Sie Beispiele: „Wer … möchte, der ist bei mir richtig“ - oder „Wenn Sie … erreichen wollen, sprechen Sie mich gerne an!“.
- Benützen Sie die visuelle Repräsentation in Ihrem Wortschatz: „Wie sieht das für Sie aus?“ – „… zeigt sich daran, dass…“ – „… bunte Vielfalt…“ – „… schaffe Durchblick für meine Kunden…“ – „…mithilfe selbst entwickelter Tools absolut Transparenz…“ usw.
- Kinästhetische Repräsentation – das Fühlen, Spüren, Greifen … - zieht Ihren Zuhörer oder Leser in ein 3D-Bild – und selbst auditiver Wortschatz („Wie klingt das denn für Sie? - …

in den Markt hinein hören … - Da klingelt die Ladenkasse!“) bringt Sie in der Kommunikation einen entscheidenden Schritt weiter: Konkret muss der Wortschatz sein!

- Vermeiden Sie abstrakte Wörter – dazu zählen zum Beispiel: realisieren (→ erlebbar machen), brauchen (→ nutzen), Preis (→ sparen), …

Und, spüren Sie schon die „Macht der Wörter“ – oder ihre Ohnmacht, je nach dem? Haben Sie viel mit Handwerkern zu tun? Kinästhesie ist zupackend! Oder mit Zahlenmenschen? Musik wird im Gehirn ähnlich repräsentiert – Dur-Töne ins Spiel bringen!

Ihr Wording transportiert Ihre Leistung

Wählen Sie Ihren Wortschatz bewusst zu Ihren Angeboten passend: Gedächtnistrainer Markus Hofmann spielt mit den Begriffen und wünscht zum Beispiel „eine unvergessliche Zeit“, ein kreativer Berater im Spielebereich schließt „mit verspielten Grüßen“, ein Projektmanager in der IT lässt Begriffe in seine Texte einfließen wie „vernetzt“ oder „live erleben“. Und damit setzen Sie Zeichen:

- der Gruß in Ihrer Signatur: „mit …-lichen Grüßen“, „… aus der …-Stadt“, „von Ihrem …-Berater“. Hier nennen Sie zum Beispiel die Branche oder Spezialität nennen, wie etwa der Gedächtnistrainer Markus Hofmann: „… und einen unvergesslichen Tag“. Kreativ-Beraterin Annette Blumenschein sendet „herzliche Grüße und märzhafte Stunden“, was natürlich herrlich zu ihrem entzückenden Nachnamen passt – vor allem im März, vor allem im Frühjahr!
- Wortschatz im laufenden Text: Benützen Sie VAKOG-Wörter je nach Zielgruppe (siehe Haptik verkauft für Sie – verbal be-greifbar machen), also zum Beispiel visuellen Wortschatz bei Optikern und Handelsvertretern, auditiven bei Musikern und Telefonverkäufern, kinästhetischen bei Handwerkern und Technikern, olfaktorisch-gustatorischen rund um Lebensmittel und Gastronomie. Der oben schon zitierte Gedächtniskünstler Markus Hofmann spielt mit „ … be“merkens“wert …“.
- Ihr Claim: Eine zentrale Kurzaussage, die in Verbindung mit Ihrem Logo auftritt. Den können Sie vielerorts einsetzen, etwa auch bei Ihrem Profil, das Sie in business-Netzwerken hinterlassen: Karl-Erich Jannausch firmiert auf Xing zum Beispiel als „Dialogmarketing-Profi“, Vera Gemein titelt „Ihr Schlüssel zum Erfolg“, Christiane Ebrecht interpretiert ihr Kürzel CE mit „Chancen ergreifen“, was sehr schön zu ihrer Zielgruppe „Schule“ im weitesten Sinne (also Lehrer, Schüler, Eltern …) passt. Ich selbst variiere meine Statusmeldung dort schon mal auf „Marketing 4U – Näher ran die Kunden!“ oder ähnlich. Was fällt Ihnen dazu ein? Vielleicht auch für Plaxo …

Setzen Sie Ihre Gedanken am besten gleich an weiteren Textstellen in die Praxis um, zum Beispiel auch dort:

Das PS im Brief:

____

____

____

Die (Zwischen-)Überschrift im Prospekt:

____

____

____

Schlüsselbegriffe (Keywords) auf ihrer Website:

____

____

____

Halten Sie dabei die Waage zwischen Selbstdarstellung und Eingehen auf die Welt des Ansprechpartners: Wenn Sie in einer bestimmten Branche oder Funktion unterwegs sind, ist das sowieso annähernd 1:1!

Was Sie als Externer bestens face-to-face bringen – einfach auf Papier ...

Auch Ihr persönliches Gespräch unterlegen Sie mit textlicher und visualisierter Präsentation, ob vor einer Gruppe (Seminar, Projektbesprechung) oder im Zweier- oder Dreier-Gespräch (Beratung, Feedback, Management-Summary für den Geldgeber usw.). Meist sind Ihre Ergebnisse auch für Personen außerhalb dieses Kreises interessant – und dürfen diesen auch verlassen, zumindest in Auszügen oder in anonymisierter Version. Überlegen Sie, welche Fachzeitschrift Interesse haben könnte – und setzen Sie damit eine Spirale in Bewegung.

Ich habe mir angewöhnt, ein pdf eines erschienenen Artikels möglichst rasch an relevante Kontakte zu geben – und zugleich andere Medien anzusprechen, die am selben Thema interessiert sein könnten. Dabei ist es vorgekommen, dass ein Artikel ein zweites (oder gar drittes) Mal veröffentlicht wurde, natürlich in Absprache und Quellenangabe des Erstveröffentlichers – mit entsprechenden Multiplikations-Effekten, jedoch ohne Mehrarbeit für mich! – Überlegen Sie am besten gleich, welches „alte“ Material Sie genau so oder mit wenig Überarbeitung neu zur Veröffentlichung anbieten könnten!

Fachartikel: So werden Sie Gesprächsthema!

Darf's ein bisschen mehr sein? Wahrscheinlich geht auch eine „Studie“ durchaus nebenbei. Überlegen Sie, was auf Ihren Projekten, Beratungsergebnissen oder Teilnehmer-Feedbacks Sie wie auswerten könnten – schon wird eine (Markt-) Untersuchung daraus. Es fehlt an Material? Dann nutzen Sie die Chance für die „Mehrfach-Akquise-Strategie“:

1. Sie machen eine Umfrage unter Ihren Kontakten, sortiert nach relevanten Begriffen, siehe CRM. Die Folge: Sie kommen unverdächtig ins Gespräch, auch mit Ihren schwachen oder „alten“ Kontakten – neue Chancen!
2. Sie veröffentlichen die Ergebnisse – zumindest auf Ihrer Website und zumindest Auszüge. Sie bieten die Auszüge der Studie relevanten Medien an, die hoffentlich diese Auszüge bringen. Die Folge: Neue Interessenten melden sich bei Ihnen, mehr zu erfahren.

3. Sie bieten die Studie zum Kauf an, und sei es für eine „Schutzgebühr“ (von zum Beispiel 29 € zuzüglich MwSt., also wirklich überschaubar). Ausgewählte Kontakte erhalten sie gratis – und fühlen sich „gebauchpinselt“.

In der Computerwoche und anderswo finden sich Artikel vom „IT-Freiberufler des Jahres 2008“ (und Platz 2 bereits im Jahr 2007) Oliver Knittel (www.insure-it.de) – und schon entdecken Sie die Verknüpfung von Know-how und Verbandsarbeit. Überlegen Sie, welchen Titel Sie für sich entdecken könnten. Es hat auch seinen Grund, dass die Profile auf Xing immer wieder aktualisiert werden, um – Titel! Abschlüsse zählen natürlich dazu, etwa auch Fortbildungs-Zertifikate: Sind Ihre schon alle genannt??

Lassen Sie schreiben 1: Teilnehmer-Feedback als Testimonial

Viele Trainer verzichten noch immer auf die Chance, aus Feedbacks zu ihren Trainings gleich Testimonials zu machen, also Bezeugung hohen Lobs für Ihre Leistung, die sie veröffentlichen dürfen. Etwas konkreter als die Formulierungen in den „happy-sheets“ von Seminar-Veranstaltern sollten diese Dankes-Sätze allerdings schon sein … Sie kennen diese auch als „Referenzen“, womit im Grunde Gleiches gemeint ist. Zufriedene Auftraggeber bestätigen Ihnen eine gute (hoffentlich: exzellente!) Leistung. Wobei auch hier „weniger oft mehr“ ist – da fällt mir die Geschichte der vier Hutmacher in Dublin ein, die Quelle habe ich nicht mehr zur Hand:

„Einst waren vier Hutmacher in Dublin, alle gut eingeführt, in zweiter und dritter Generation. Alle hatten sie ihr Auskommen, in größeren Abständen auf der Hauptstraße durch Dublin gelegen. Doch dann kam die Zeit, als es weniger üblich wurde, einen Hut zu tragen – das spürten sie als Geschäftsrückgang. Just in diese Zeit fiel der Übergang zur nächsten Generation bei der bisherigen Nummer 3 im Umsatzgefüge. Der junge Mann nicht faul dachte sich sofort eine Strategie aus – und plötzlich stand ein großes Schild im Schaufenster: „Der beste Hutmacher von Dublin!“. Hoho, das konnte Nummer 1 sich nicht gefallen lassen und konterte geschwind mit „Der beste Hutmacher von Irland!“. Es dauerte wenige Tage, da folgt Nummer 2: „Der beste Hutmacher in Großbritannien!“. Tja, was blieb da noch für Nummer 4 – vielleicht „.. der Welt“?. Weit gefehlt – sein Spruch lautete: „Der beste Hutmacher in dieser Straße.“ Tja, da ging den anderen die Puste aus – und schon bald ward Nummer 4 – die Nummer 1!“ Was zeigt, welch Ironie tatsächlich im alten Berliner Spruch liegt: „Bescheidenheit ist eine Zier´, doch weiter kommt man ohne ihr!“, jedenfalls weit über Irland hinaus ☺ - doch ist das sinnvoll?

Zurück zum Testimonial: Fragen Sie Ihren Auftraggeber nach Abschluss des Projekts oder der Maßnahme, mit welchen Worten Sie ihn zitieren dürfen – MIT welchen Worten, nicht etwa „ob“!

Das liest man gerne:

„Gefällt mir immer wieder, die frische Brise in Ihren Werbebriefen! Das hat bei uns dazu geführt, dass wir …“

„Gerne bestätige ich Ihnen, dass die Leistung unser Vertriebsmannschaft innerhalb eines Jahres um mehr als 50 Prozent gestiegen ist – und das bei gesunkenen Kosten!“

„Besten Dank an Sie: Auch dieses Projekt war wieder früher beendet als vereinbart – mit so gut wie keinen Bugs im Go-life – und das Budget eingehalten. Alle Projektmitarbeiter im Haus sind voll des Lobes …“

Zitieren Sie mit Angabe des Autors, sei es voller Name, Funktion und Unternehmen oder – je nach Erlaubnis – nur der Name oder gar nur die Anfangsbuchstaben. Geben Sie eine Überschrift dazu, etwa „Das sagt ein Kunde, für dessen XYZ-Unternehmen ich als freier Texter tätig bin“.

Lassen Sie schreiben 2: Aufzeichnungen als Vorlage für Profi-Schreiber (etwa auch im Austausch innerhalb des Netzwerks, statt Geld zu investieren)

Sie kennen den Begriff „Ghostwriter“? Einen solchen brauchen Sie an dieser Stelle. Sie finden jemand Passenden via Xing oder (nach wie vor!) durch Kleinanzeigen, zum Beispiel in der Wochenzeitung *DIE ZEIT*. Dr. Regina Mahlmann ist ein möglicher Kontakt, siehe *www.dr-mahlmann.de*. Noch besser ist es, Andere schreiben über Sie, indem Sie sie zitieren – das ist wieder PR! Und wirkt im Web übrigens stark auf Ihre Positionierung bei den Suchmaschinen …

Provozieren Sie Seminar-Besprechungen!

Bieten Sie relevanten Medien an, kostenlos an einem Ihrer Seminare teilzunehmen. Prima, wenn das Angebot akzeptiert wird. Auch gut, wenn nicht – vielleicht sogar besser: Wenn ein (Fach-)Medium seine Aufgabe ernst nimmt, wird es einen Teilnehmer schicken – anonym und gegen Bezahlung der Teilnahmegebühr! Ich unterstelle, Sie liefern ein exzellentes Seminar ab, entsprechend gut wird die Besprechung sein. Was, wenn nicht – wenn vielmehr der berühmt-berüchtigte Vorführ-Effekt eintritt: Genau an jenem Tag sind Sie schlecht drauf, die Runde besteht nur aus schwierigen Teilnehmern, die Klimaanlage fällt aus oder gleich der Strom und Sie erweisen sich als weniger flexibel als gedacht? Nun, immer hieran denken: Besser, es wird überhaupt über Sie geschrieben als gar nicht; besser was Negatives als nichts! Einer meiner besten Kunden entwickelte sich aus der Schnupper-Veranstaltung eines Kooperationspartners, bei der ich einen rabenschwarzen Tag erwischt hatte … - Ach ja, was tun Kollegen, die beraten, kreative Konzepte abliefern oder EDV programmieren? Sie laden Medienvertreter zu Schnupper-Veranstaltungen ein, die ich auch Ihnen unbedingt empfehle, siehe Events – das können Sie doch am besten – Welche Medien berichten? Schauen Sie sich um – Süddeutsche Zeitung, Frankfurter Allgemeine Zeitung tun das, ebenso viele regionale Blätter. Vielleicht entsteht sogar ein Radio- oder Fernseh-Auftritt für Sie daraus?!

Lassen Sie sich interviewen und sparen sich das Schreiben

Nach einem meiner Bücher wurde ich von zwei Medien auf ein Interview angesprochen: von einem regionalen Radiosender aus dem Saarland (Radio Palü) und einer Frauen-Zeitschrift (Petra), die immerhin eine halbe Seite veröffentlichte. Die Kontakte dafür herzustellen, ist aufwendig, professionelle PR-Unterstützung sehr hilfreich: In diesem Fall hat das der Verlag bestens geregelt, der eine PR-Agentur für die Medienarbeit zu ihren Neuerscheinungen beauftragt.

Powerpoint-Präsentationen – etwa Projektbericht – in anderes Format übertragen, zum Beispiel Word

Mancher Projektbericht in ppt eignet sich fast 1:1 zur Übernahme, fehlt nur die Anonymisierung: Solche längeren Texte könnten auch in Word geschrieben sein! Wer dagegen ppt ernst nimmt und je Folie nur wenige Zeilen in Stichworten groß geschrieben präsentiert, muss ein wenig nacharbeiten. So oder so ist es sehr einfach, die Grundlage Ihrer Veröffentlichung aus dem ppt-Rahmen heraus in Word zu übertragen:

Menü „Datei" – senden an: Wählen Sie Microsoft Office Word – entscheiden Sie dann, was alles aus der ppt-Präsentation Sie übernehmen möchten:

- nur Gliederung – dann haben Sie den Text komplett
- die kompletten Folien – mit Notizen oder leeren Linien daneben oder darunter.

Ähnlich gehen Sie übrigens vor, wenn Sie Texte oder komplette Verzeichnisse aus Excel in Word übertragen wollen. Schauen Sie dazu in Ihre Excel-Version …

Prüfen Sie weitere Ideen dazu:

- Übertragen auf ein Mindmap oder als Netzplan
- Tabellen und Checklisten als besondere Tools heraus gegriffen
- Wechselseitiges Überführen von Tabelle in freien Text und umgekehrt
- Visualisieren von Entwicklungen, Mengen usw. mithilfe von Excel – vielfältige Formen grafischer Darstellung sind dort geboten!

Nutzen Sie das Wiederaufleben oraler Kultur!

Viele Medien tragen dazu bei, dass wieder mehr mündlich kommuniziert wird: Telefonieren über verschiedenste Geräte und Kanäle, etwa mobil und per VoIP, also übers Internet. Trotz aller virtueller Begegnungen feiert das persönliche Meeting fröhliche Urständ´, häufig unter dem Motto „Netzwerken ist angesagt". Ein weiterer Effekt ist das starke Wachstum von Hörbüchern im literarischen Markt – auch und besonders bei Sach- und Fachthemen. Nutzen Sie diesen Trend vor allem, wenn Sie weniger „der Schreiber" sind, sondern primär mündlich punkten: Neben dem 1:1 übertragenen Buchtext und dem klassischen Hörspiel mit rollenverteilten Sprechern findet inzwischen das Hörbuch „gesprochener Sprache" seine ausgeweitete Nische. Das betrifft zum Beispiel Live-Mitschnitte von Veranstaltungen, womit auch Externe starten können. Oder Sie sprechen aufgrund Ihrer Notizen Fallberichte, Seminare und Vortragsreden auf Band, um so zu punkten:

- Einführung in ein Thema, mit dem Sie Ihr Angebot unterlegen
- Kaufbare Medien als Zusatz- und Folgeprodukte
- Transferunterstützung für Teammitglieder und Teilnehmer zum „Wiederhören"
- Information für Medienvertreter – in der Hoffnung auf einen Bericht – usw.

Fazit

Dass das bestens nebenbei funktionieren kann, ergibt sich quasi zwingend daraus, dass Sie Vorhandenes übernehmen – ob nun 1:1 oder überarbeitet, ob geschrieben oder gesprochen: Womit wollen Sie starten? Was ist mit geringstem Aufwand dafür geeignet? Wann starten Sie?

… lernt, Gesprochenes in Lesbares zu fassen.

„Das stimmt eigentlich“ meint Renate Vorzeiger am folgenden Morgen beim gemeinsamen Frühstück, „was ihr mir gestern Abend beim Bier so alles erzählt habt. Vieles ist mir durch den Kopf gegangen, weil ich nicht gleich habe einschlafen können, obwohl es so spät geworden ist – oder vielleicht gerade deshalb. Gleich nachher im Zug gehe ich mal durch, was von meinen Kursunterlagen sich für Veröffentlichungen eignen könnte, ohne dass ich zu viel von meinem Know-how verrate – einige habe ich eh dabei, die anderen habe ich im Kopf parat. Neugierig machen, darum geht es! Und Kompetenz zeigen … Auf das Versprechen unseres Pressemannes komme ich zurück, das er mir so leichtfertig gegeben hat – und jetzt schläft er offenbar noch: Ich schicke ihm mal zwei, drei mögliche Artikel für Fachblätter zu, die er mir korrigieren soll. Ha, ich bin richtig gut aufgestellt, mehr daraus zu machen, danke euch!“

Erfolgsgesetz 7: Empfehlungen – wer hat, dem wird gegeben!

Beispiel: Kommt Kundenfeedback wirklich ungefragt?
Versicherungsmakler Marco Siemens (Name geändert) ist erfolgreich mit seiner Generalagentur. Trotzdem klagt er im entspannten Gespräch mit guten Bekannten, wie schwer das Geschäft geworden sei: Die Kunden erwarten super Service, sprungbereite Beratung und möglichst hohe Nachlässe. Natürlich frage seine Kunden nach weiteren Aufträgen, um möglichst zum alleinigen Versicherungsmenschen für diese Person zu werden. Empfehlungen bekomme er, klar. Darum bitten? Also, wer zufrieden sei, solle und werde schon selbst darauf kommen, Empfehlungen auszusprechen, oder?! Seine Gesprächspartner sind überrascht:

Gestandene Vertriebler …

… prahlen gerne damit, dass sie grundsätzlich zum Ende eines Gesprächs Empfehlungen einholen, selbstverständlich erfolgreich – und immer mehrere! Gut geführte Verkaufsgruppen (Außendienst) integrieren das Thema ins Entlohnungssystem, Beispiel: Lipsia Präsenzverlag in Delitzsch. Dort werden mehrstufig Biografien zum Eintrag in ein modernes Who´s Who akquiriert: Zunächst wird telefonisch der Kontakt zu potenziell interessierten Geschäftsleuten hergestellt und ein Termin für ein persönliches Gespräch vereinbart, bei dem dann das Interview folgt und ein Foto nach Wunsch geschossen wird. Anschließend schreibt ein Autor die Kurzbiografie, es folgt die Korrekturlesung mit Verkaufsgespräch: Ziel ist es, möglichst viele Bände bei den Biografierten zu platzieren. Je Stufe gibt es Honorar oder Provision. Die maximal mögliche Provision wird nur dann erzielt, wenn je Interview – spätestens je Eingetragenem – vier Empfehlungen aufgenommen werden können. Und das funktioniert bestens … Dieses strikte „Muss" schmeckt kaum einem Externen, schließlich sollten Empfehlungen doch spontan und freiwillig gegeben werden, oder? Schön, wenn das so ist! Tatsache ist, dass den wenigsten zufriedenen und dankbaren Kunden und Gesprächspartnern einfällt, dass Sie interessiert sein könnten, weiter empfohlen zu werden. Es sei denn, Sie sagen es ihnen! Was kann „so nebenbei" passieren? Hier einige Anregungen, die sich in der Praxis bewährt haben und mit denen Sie bestens ankommen:

Kunden als Testimonial gewinnen

Ihre besten Kunden sind zugleich die besten Empfehler: Überzeugt von Ihrer Leistung, loben diese Personen Sie in den höchsten Tönen. Nur selten haben Sie etwas davon: Notiert ein interessierter Zuhörer sich wirklich den Kontakt? Erinnert er sich in seinem Alltag daran – und zwar genau dann, wenn er Sie braucht? Sicherer ist´s natürlich, wenn Sie das positive Feedback aufnehmen und die legitime Frage nachschieben: „Das freut mich sehr, dass Sie konkret mit … so zufrieden sind! Wer fällt Ihnen ein, mit dem Sie bei passender Gelegenheit darüber sprechen würden?" Wenn Sie´s weicher bevorzugen, lautet die Frage: „… Darf ich Sie zitieren?" – und sei es „nur" auf der Website oder in anderen werblichen Texten …

Was hält manche Kunden davon ab, Sie an Dritte weiter zu empfehlen? Nun, da gibt es schon den einen oder anderen Grund, den Sie berücksichtigen sollten, um behutsam derlei Klippen zu umschiffen:

Eifersucht: „Ich möchte nun wirklich nicht, dass ABC von meinem klasse Coach profitiert!" denkt Ihr Kunde vielleicht – oder „Wenn mein Berater auch noch für XYZ aktiv wird, fehlt mir ein Teil seiner Zeit!". Dieser Kunde kommt vor allem dann als Empfehler für Sie infrage, wenn etwa ein Projekt verschoben wird oder gar nicht zustande kommt: Sie appellieren an sein schlechtes Gewissen, es entgeht ihm nichts.

Konkurrenz: „Schon klar, Herr Oberhuber, dass Sie für keine andere Versicherung aktiv sind, darauf muss ich mich verlassen können!" ist eine Aussage, die Ihnen vielleicht bekannt vorkommt. Bleibt die Frage, ob er Sie in ein Projekt bei einer Versicherung empfehlen kann, das letztlich einen völlig anderen Bereich betrifft als den bei ihm betreuten.

Unsicherheit: „Ja, empfehlen würde ich den schon – nur, was ist, wenn er dort einen weniger guten Job macht, dann fällt das auf mich zurück?!" Hmm, wenn Sie das bei Ihrem Gesprächspartner spüren, zu erkennen meinen oder heraus hören, sollten Sie an Ihrem Job und der Kundenbeziehung arbeiten: Dieser Kunde könnte zufriedener mit Ihnen sein als er es derzeit ist, oder?

Sie sehen, je nach Typus gibt es unterschiedliche Antworten auf die Frage „Warum sollte ich Sie denn weiter empfehlen?". Und die kann auch mal lauten: „OK, da verstehe ich Sie gut! Danke für die Blumen … Wenn sich die Gelegenheit ergibt, dass Sie auf jemand stoßen, an den Sie mich guten Gewissens weiter empfehlen können, weil … entfällt, dann tun Sie es ja sicher?!" oder so ähnlich.

Neins verpflichten und damit „schlechtes Gewissen" ausgleichen

Natürlich kommt es immer wieder vor, dass Ihr heißer Kontakt fürs Erste Gründe findet, von einem Auftrag an Sie zunächst abzusehen – schade! Dennoch eine gute Gelegenheit, immer voraus gesetzt, Sie haben einen guten Draht zu dieser Person: Wer ein schlechtes Gewissen hat, ist quasi begierig darauf, einen Ausgleich zu schaffen – und sich selbst damit Erleichterung. Sagen Sie´s: „Ich habe verstanden, momentan kommen wir nicht zusammen – vielen Dank, dass Sie mich in der Pipeline belassen! Ich bringe mich einfach in Erinnerung, einverstanden? Hmm, dann werde ich in der Zwischenzeit andere Kunden bedienen – wen sollte ich ansprechen, was meinen Sie? Sie hören ja bestimmt das eine oder andere, sind ja viel in Gremien und bei Veranstaltungen…?!"

Name-dropping: Punkten Sie mit bekannten Namen

Wer sich einen Namen gemacht hat, kann auf die Wirkung seines eigenen Namens setzen. Wer noch dabei ist, nutzt gerne die Wirkung anderer Namen. Deshalb zitieren wir alle unsere bekannten Vorläufer, wie das Wissenschaftler in ihren Arbeiten tun – übrigens ja tun müssen oder fairerweise tun sollten: Abschreiben verboten! Wenn Sie gesprächsweise einfließen lassen, dass ABC zu Ihnen gesagt habe, das sei doch so und so, wird diese Aussage erheblich mehr Gewicht erhalten, als wenn Sie das schlicht als Ihre Meinung bringen. Zugleich signalisieren Sie, offenbar zu einer Art erlauchten Kreis zu gehören, dessen Renommee nun auf Sie abstrahlt! Was im Smalltalk gerne als „name-dropping" bezeichnet wird, nutzen Sie bei Gelegenheiten jeder Art beruflich: Auf Kongressen und Messen, bei Netzwerk-Veranstaltungen oder im Pausengespräch im Einsatz für Ihren Kunden. Der erhoffte Effekt: Sie steigern Ihren Wert, werden bei nächster Gelegenheit besser erinnert und meist auch häufiger an Dritte empfohlen – einfach so nebenbei! Ach so, wen kennen Sie denn, der nennenswert wäre? Das sind mehr Personen als Sie denken: Wem haben Sie zugehört, beim Vortrag zum Beispiel? Was diese bekannte Persönlichkeit seinen Zuhörern gesagt hat, das hat er auch „zu Ihnen" gesagt … Meine Empfehlung: Seien Sie kreativ!

Rezensionen im Tausch – für Medien, Seminare usw.

„Rezensionen" sind zunächst einmal Buchbesprechungen, die in Medien veröffentlicht werden, klassisch in den Feuilletons von Tageszeitungen, also dem Kulturteil. Ähnlich wie an Universitäten sich Wissenschaftler wechselseitig zitieren, um einander verstärkt ins Gespräch zu bringen (und gute Voraussetzungen für die weitere Karriere zu schaffen), können Sie dies mit anderen tun:

Als Trainer: mit Kollegen vereinbaren, als Gast teilzunehmen – und darüber zu berichten – und vice versa!

Als Berater: im Kongressbericht für Ihren Blog den Vortrag eines Kollegen zu erwähnen, was er seinerseits mit dem Ihren tut

Als Freelancer: den Projektbericht für ein Online-Medium mit einem Hinweis auf einen (nichtkonkurrierenden) Kollegen zu ergänzen, der ein zu Ihrem Projekt passendes Projekt ebenfalls gerade erfolgreich abgeschlossen hat. Natürlich weiß er auch von dem Ihren zu berichten…

Die interne Empfehlung bei „Kaltakquise"

Lassen Sie uns einfach mal annehmen, Sie haben sich entschlossen, einige Firmen anzurufen, die Sie interessieren. Im Allgemeinen landen Sie zunächst bei einer Zwischenperson, bevor Sie Ihren zuständigen Gesprächspartner erreichen: (Telefon-)Zentrale/Empfang, (Abteilungs- oder Team-)Assistenz, (Geschäftsleitungs- oder Vorstands-)Sekretariat …Nutzen Sie diese Chance für eine „interne Empfehlung": „Schönen guten Tag, Hanspeter Reiter, Ihr Partner für Marketingfragen, ich rufe aus Großraum München an. Bitte verbinden Sie mich mit Ihrem Geschäftsführer – oder wer sonst entscheidet, wenn es um Ihr Weiterbildungsbudget geht?". Zunächst helfen Sie dem Erstkontakt beim Nachdenken, wer der richtige Ansprechpartner für Sie ist. Zugleich beantworten Sie eine der „unausgesprochenen Hörerfragen" (UHF), nämlich „Was will der von uns??" und vermeiden das von vielen Anrufer als lästig und stressig empfundene Frage „Worum geht es denn??". Und nun kommt´s – Sie erfahren, dass Sie mit dem Marketingleiter oder der GL-Assistenz sprechen sollten, erfragen Name und Nebenstelle, danken herzlich und verabschieden sich. Das ist der Idealfall („Vielen Dank für die Auskunft, ich melde mich dann direkt dort – schönen Tag noch!") …

Sie rufen nämlich erneut an und wählen direkt den Gesprächspartner: „Schönen guten Tag, Hanspeter Reiter, ich rufe aus dem Großraum München an. Frau XYZ hat mir empfohlen, mich direkt an Sie zu wenden, wenn es um Marketingfragen geht – das ist doch richtig?". Ihr Gesprächspartner bestätigt dies, schon ist der Kontakt hergestellt! Seltene Ausnahme: Die „empfehlende" Person (in der Zentrale zum Beispiel) wird von der Zielperson als wenig kompetent angesehen; das Risiko gehen Sie ruhig ein. Wichtig ist hier, dass Sie wirklich das Wort „...empfohlen..." verwenden, womit Sie die Gedanken der Zielperson in positive Richtung lenken. Schon ist zudem eine der möglichen UHF beantwortet: „Was will der von mir?? Warum ruft er ausgerechnet mich an??" usw. – Bei welchen Ihrer (neuen!) Kontakte wollen Sie´s demnächst versuchen? Wann genau? Mit welchen Zielen?

Aktives Beschwerde-Management

Diese Zahlen haben Sie bestimmt schon mal gelesen oder gehört – oder ähnliche: Wer mit der Leistung eines Anbieters besonders zufrieden ist, spricht darüber mit sechs bis neun anderen Personen. Wer besonders unzufrieden ist, dagegen mit zwölf bis fünfzehn oder mehr. Sie erkennen, dass in Ihrem Umgehen mit einer Reklamation ein entscheidender Knotenpunkt liegt! Dazu kommt, dass ein Kunde, der mit dem Lösen einer Reklamation sehr zufrieden ist, künftig eine noch festere Bindung zum Anbieter entwickelt - also zum Reklamationsgrund! -, als ein „normaler Kunde" ohne Grund zur Reklamation. Interessant, gell? In dem Zusammenhang habe ich schon Externe gehört, die daraus schließen: Oha, ich sollte meinem Kunden Grund zur Reklamation liefern, ihn dann exzellent behandeln – damit verlängert sich der Kundenlebenszyklus deutlich (siehe Einführung). Nun, wer so vorgehen möchte, soll dies tun; Sie erkennen, dass darin das eine oder andere Risiko enthalten sein mag, dass „dieser Schuss nach hinten losgeht". Es gibt ja so schon genügend Ansatzpunkte für Reklamationen:

- Seminar: Raum, Zeit, Catering, Ausstattung, Unterlagen, Erwartung - Erfüllung
- Beratung: Unstimmigkeit zu Umfang, Inhalt, Zielen
- Projektbetreuung: Terminüberschreitung, Budgetüberschreitung, Zielunterschreitung
- Grafikleistung: Kreativer Input, handwerkliche Ausführung, Termin
- Textleistung: Mangel an Kreativität und/oder Innovation, Wording, Termin
- Programmierung: Termin-/Budgetüberschreitung, Bugs, Dokumentation.

Bestimmt fallen Ihnen weitere ein. Und das könnten Sie zum Beispiel tun, damit eine Beschwerde jedenfalls zur Zufriedenheit Ihres Kunden gelöst wird:

- Zahlung: Nachlass, Valutierung, Ratenleistung
- Leistung: Extrazeit ohne Honorar, Zusätze ohne Verrechnung
- Termin: „Überstunden", zusätzliche Personen.

Auf diese oder ähnliche Weise stellen Sie sicher, dass Ihnen Ihr Kunde gewogen bleibt und Sie auf weitere Aufträge hoffen können – oder bereits erteilte Folgeaufträge auch behalten. Schön, wenn Sie so Akquise-Aufwände sparen! Auch die Chance einer Empfehlung wächst: Die oben genannten Zahlen wachsen weiter, wenn Sie es schaffen, einen zunächst unzufriedenen Kunden durch Ihr Beschwerdemanagement zufrieden zu stellen.

Projektabschluss als Restarter

Ein beendetes Projekt wird im Allgemeinen als etwas Abgeschlossenes angesehen: Wie ist Ihre Meinung dazu? In der Praxis des Wirtschaftslebens mag es sein, dass die Projektbeteiligten auseinander gehen, vielleicht bleibt das interne Projektteam auch in gleicher Konstellation bestehen. In jedem Fall wird aus dem Projektergebnis heraus ein Prozess weiter geführt: Was haben Sie noch damit zu tun? Wenn Sie eingebunden ist, prima. Und wenn nicht? Ich empfehle Ihnen dringend, die Abschlussphase jedenfalls für sich als Chance zu begreifen „Akquise einfach so nebenbei" zu betreiben. Das meine ich konkret damit: Für (Projekt-)Teams wird häufig folgende lineare Entwicklung definiert:

Forming: Die Mitglieder eines Teams werden zusammen geführt
Norming: Regeln und Absprachen zum Vorgehen werden definiert, erarbeitet
Storming: Team-Strukturen bilden sich durch konstruktives Auseinandersetzen
Performing: Jetzt ist die Phase optimaler Zusammenarbeit erreicht.

In dieser Form definiert hat das Bruce Tuckmann schon 1965, heute gelegentlich ergänzt um die Phase „Reforming", wenn Teams in längeren Prozessen weiteren Veränderungen unterliegen. Und ich füge folgende sechste Phase für Sie hinzu: Deforming – angelehnt an Dekonstruktion oder Debriefing in unterschiedlicher Bedeutung von „Rückbildung" je nach Fachgebiet, zum Beispiel „Rückbau" oder „Entlernen". Das auseinander Gehen einer Gruppe, das Auflösen eines Teams sollte ein Projektleiter als bewusste Phase planen und durchführen – und damit für sich eine zusätzliche Chance nutzen:

- Was nimmt jedes einzelne Teammitglied für sich aus dem Projektgeschehen mit?
- Was wird es wie in Zukunft an seinem neuen (alten? früheren?) Platz anwenden, was nicht?
- In welcher Form bleiben die Mitglieder mit einander in Kontakt?
- In welchen Abständen werden die Ergebnisse erneut evaluiert?

Natürlich findet das alles meist statt, informell; sobald Sie einen formalen Ablauf daraus machen, erhöhen Sie Ihre Chancen, akquisitorischen Nutzen für sich daraus zu ziehen: Sie erkennen selbst und machen der jeweils anderen Person klar, welche Anknüpfungen weiterhin bestehen, wie Sie eventuell für den einen oder anderen nützlich sein könnten. Dazu kommt, dass Sie das „Deforming" zugleich als Ihre Besonderheit, Ihren USP (siehe Geben und geben lassen – allzeit bereit) als Berater, Projektmanager, Freelancer jeder Art oder auch als Trainer und Coach in Ihre Leistung integrieren können. Denn was ich oben für Projektteams definiert habe, gilt prinzipiell für viele andere Formen der Zusammenarbeit …

Bieten Sie Gegenleistung – etwa als Dankeschön-Give-away

… und/oder als möglichen Gewinn innerhalb einer Verlosung (Gratis-Seminar, Studie, Messe-Ticket …). Jedenfalls bei echten Empfehlungen, die zum Erfolg geführt haben: Je nach dem, wie gut Sie den Empfehler kennen, kann das ein Blumenstrauß sein, eine Essenseinladung oder eine passende Flasche – oder zumindest ein Anruf oder ein Brief (eine E-Mail), mit dem Sie sich herzlich bedanken. Das gehört sich so – und eröffnet Ihnen mehrere Zusatzchancen: Neuerlicher Kontakt zu dieser Person, der unverdächtig ist – es geht nicht darum, dass er was kaufen soll. Die Chance, eine weitere Empfehlung zu bekommen, weil Sie einen positiven Verstärker setzen. Und einen weiteren Verstärker dadurch, dass Ihr Empfehler einen Grund hat, mit dem Empfohlenen in Kontakt zu treten …

Empfehlen und empfehlen lassen

Sprechen Sie Kollegen aktiv an und verwickeln Sie sie in ein Gespräch über wechselseitiges Empfehlen – Tenor: Ich werde immer wieder von Kunden und Interessenten auf Themen angesprochen, die ich selbst so nicht bieten kann oder möchte, zum Beispiel die deinen/Ihren: Ist es für dich in Ordnung, wenn ich dich ins Gespräch bringe – oder bist du auf absehbare Zeit zu stark über deine laufenden Projekte gebunden oder durch Exklusivitätsvereinbarung nicht in der Lage, Aufträge aus meinen Zielgruppen anzunehmen? In aller Regel hören Ihre Kollegen das recht gerne – und fühlen sich verpflichtet, nun ihrerseits Gleiches anzubieten. Übrigens auch jene, die sich die Empfehlung verbitten, siehe die oben angeführten Gründe. Ob Sie dabei auch über eine mögliche Tipp-Prämie oder einen Prozentanteil aus dem vermittelten Geschäft sprechen – oder über eine Essenseinladung -, ob Sie eine mehr oder weniger formelle Vereinbarung daraus machen – und wann daraus wirklich entsteht, ist zunächst sekundär. Zweierlei haben Sie signalisiert: 1. Sie sind bereit, dem anderen Geschäft zukommen zu lassen, 2. Sie sind an weiteren Geschäften interessiert. – Wichtig bei diesem Vorgehen ist, dass Sie sich Ihre Kollegen dafür wirklich gut aussuchen. So habe ich in meinem Netzwerk Trainer und Berater, die ich zum Beispiel ins Gespräch bringe, wenn es um konkreten Vertrieb in bestimmten Branchen geht – hier wird „Stallgeruch“ erwartet; wenn es um Marktforschung geht, einem Marketingbereich, in dem ich mich nur „am Rande“ auskenne; wenn es um Interkulturelles geht – ich bin auf D-A-CH ausgerichtet – und so weiter. Wichtig ist, die Kollegen wissen, dass ich Sie gegebenenfalls ins Gespräch bringe – und tun das vice versa, angenehm! Wer fällt Ihnen ein, mit wem sollten Sie demnächst darüber sprechen?

Holen Sie sich Empfehlungen für Empfehlungsmarketing

Wahrscheinlich gibt es auch auf LinkedIn eine Gruppe dafür, sicher weiß ich das von XING: „Empfehlungsmarketing – der Königsweg der Neukundengewinnung“ haben die Macher diese Gruppe getauft, mit zum Beispiel diesen Foren:

- Empfehlungen bei alltäglichen Dienstleistungen
- Empfehlungen in der Finanzdienstleistungs- und Versicherungsindustrie
- Empfehlungen im Konsumgüterbereich und Handel

- Empfehlungen online (Web 2.0 etc.)
- Empfehlungen im B2B-Bereich
- Literatur, Studien …
- Trainings, Schulung etc. …
- Ideen, Vorschläge, Feedback.

Reinschauen lohnt sich bestimmt; Mitte März hatte die Gruppe rund 8.000 Mitglieder mit fast 1.000 Forumsbeiträgen!

Fazit

Empfehlungen führen Sie auf ein weites Feld, auf dem Sie allerdings nur ernten, was Sie vorher gesät haben: Exzellente Leistungen und gezielte Nebenbemerkungen sind Saatgut und Dünger für Aufträge „einfach so nebenbei"! Während Sie anderweitig vor allem viel Zeit und Geld investieren müssen, lassen Sie hier einfach andere für sich sprechen …

Frag´ doch mal nach!

Nach einigen Wochen sitzt Marco Siemens wieder im Kreis seiner guten Bekannten. Heute berichtet er gut gelaunt von einer Incentive-Veranstaltung seiner Versicherung, zu der er als einer der „Top 100" eingeladen worden ist, zusammen mit seiner Lebensgefährtin: Tolles Event, viel Unterhaltsames, viele nette Gespräche – und ein klasse Workshop, Thema: „Empfehlungen". Da habe er nun doch so einiges mitgenommen und auch gleich umgesetzt – vor allem, weil das nicht von so einem Schnösel der Direktion gekommen sei oder gar von einem dieser Motivationsgurus, die auch schon mal als Trainer eingesetzt worden seien. Nein, ein Kollege sei es gewesen, lange Jahre im Außendienst und heute noch einer der Top 100. Recht habe der, warum immer nur am gleichen Kunden rumbaggern und dem alles Mögliche (und Unmögliche) aufschwatzen. Die seien doch im Grunde froh, wenn er ihm nicht jede Versicherung heraus ziehe, ihn vielmehr in Ruhe lasse. Als Ausgleich ihn auf den einen oder anderen Bekannten, Kollegen, Verwandten anzusetzen, das gefalle vielen, habe er jetzt fest gestellt: So kennen die Bekannten Marco Siemens und sind jetzt wieder ganz entspannt – um den brauchen sie sich keine Sorgen machen …

Interview mit Joachim Klein: Initiator und Betreiber von Experten-Netzwerken

Netzwerke gibt es viele, wie sie auch stark gerade von Freiberuflern genutzt werden. Warum sollte ich gerade bei Ihnen in einem Business-Netzwerk dabei sein, das mich Geld kostet?

Tatsächlich leite ich zwei verschiedene Netzwerke:

1. Die Erfolgsgemeinschaft.com *(www.erfolgsgemeinschaft.com). Dieses QualitätsNetzwerk gibt ausschließlich die Qualitätssiegel zur professionellen Qualitätspositionierung an die Experten heraus. In die Qualitäts-Positionierungs-Netzwerke der Erfolgsgemeinschaft erhalten somit nur ausgewählte und besonders qualifizierte Experten über gezielte Aufnahmekriterien und über Empfehlungen Zugang. Dies ermöglicht den Mitgliedern die entsprechenden Qualitätssiegel in den verschiedenen Marketingaktivitäten (ähnlich dem TÜV-Siegel) einzusetzen. Dadurch werden die Unternehmen und Interessenten in der Vorauswahl unterstützt, in der Masse des Marktes die guten Experten zu erkennen und damit mehr Entscheidungs- und Investitionssicherheit auf beiden Seiten zu erzielen.Dieses Konzept wird übrigens seit Jahrzehnten von Unternehmen selbst erfolgreich umgesetzt, wie viele Beispiele zeigen.*

Die unterstützende Zukunft sichernde Investition erhält der Experte mehrfach zurück, in dem er dadurch mehr Aufträge für sich generieren kann. Zudem gibt es ein Konzept für die Tagessatzerhöhung bis hin zur Verdoppelung. Rein durch dieses Konzept erzielten Mitglieder schon das zehnfache ihrer Investition. Somit sind es keine Kosten für den Experten, sondern eine strategische Unternehmens-Investition, die sich bei professionellem Einsatz und Umsetzung der schon vielfach umgesetzen Konzepte mehrfach auszahlen kann.

Um die Qualität langfristig zu sichern, gab es auch ein mit Unternehmen abgesprochene Arbeitsweise, um dieses Netzwerk langfristig „sauber" zu halten, so dass die Mitglieder und Kunden langfristiges Vertrauen in dieses Siegel haben können. Dazu gibt es auch ein entsprechendes Ausschussverfahren, dass alle Mitglieder sehr wertschätzen. Dadurch habe ich nicht nur Selbstständige Experten im Netzwerk, sondern auch Unternehmen (GmbH's) und Netzwerkleiter, die dieses Thema und deren Wichtigkeit verstanden haben: sich von der Masse des Marktes ERSICHTLICH abzuheben.

2. Das AktivNetzwerk der Erfolgsgemeinschaft: *EG-Aktiv.com (www.eg-aktiv.com). Zugang in dieses AktivNetzwerk erhalten nur die Premium-Aktiv-Mitglieder der QualitätsNetzwerke der Erfolgsgemeinschaft. Das Ziel dieses Netzwerkes ist die Umsetzung hochwertiger und professioneller Networking-Arbeit mit entsprechenden Mehr-Werten.Hier arbeiten wir auch völlig atypisch, da es im Trainer-, Berater- und Coaches-Markt schon sehr vieles gibt, was wir nicht nochmals auf den Markt bringen müssen. Im Aktivnetzwerk gibt es keine Vorträge, Großveranstaltungen, Unterhaltungsshows, nichtsbringende Meetings oder Regionaltreffen usw. Diese Punkte überlassen wir allen offenen Vereine und Verbände sowie Veranstaltern, die es schon in Masse auf dem Markt gibt.*

Wir setzen bei dem an, was wir unseren Kunden erzählen: „Lieber Kunde: Sie müssen jetzt schon etwas tun, damit sie noch erfolgreicher werden!" Vorbereitend auf dieses AktivNetzwerk war ich in verschiedenen Vereinen und Verbänden (aktiv und passiv) und selbst auch schon Vorstandsmitglied. Somit wusste ich, was funktioniert und was nicht funktioinert beziehungsweise nicht umgesetzt wurde. Darauf hin habe ich mich entschieden, die Dinge, die in ande-

ren Netzwerken nicht funktionieren, in der Erfolgsgemeinschaft Stück für Stück funktionieren zu lassen. Das übliche Netzwerkverhalten „abwarten auf das was passiert" hat damit bei uns abgedankt. Dagegen haben wir verschiedene Grundlagen-Konzepte erarbeitet, die uns tatsächlich in unserer Eigenarbeit voranbringen, ohne dass die Mitglieder immer zusätzlich viel mehr Zeit investieren müssen. Die Grundvoraussetzung dabei ist unter anderem: Qualitäts-Mitglieder.

Welche Erfahrungen machen Ihre Teilnehmer mithilfe welcher Maßnahmen?

Viele Erfahrungen stehen inzwischen online auf www.EG-Aktiv.com. Die Grundthemen, an denen wir arbeiten sind zum Beispiel:

- *tausendfache Kunden- und Interessenten-Teilung*
- *Gegenseitiger Türöffner zum Kunden*
- *Mitgliederinterne Kundenvermittlung*
- *Gewinnbringende Kooperationen*
- *Fachwissen- und Kundenaustausch*
- *Austausch zur Tagessatzgestaltung und -anpassung*
- *Professionelle gegenseitige Unterstützung in verschiedensten Experten-Fragen*
- *Mitgliederinterne Vertriebs- und Akquisitionsunterstützung*
- *Erweiterte Marketingunterstützung*
- *Projektarbeiten zu Marketingaktionen*
- *Kostenteilungen in verschiedenen Marketing- und Vertriebsbereichen*

Dies sind Auszüge von Umsetzungsmöglichkeiten. Rein das Konzept der kontinuierlichen 1.000- oder teils 10.000-fachen Kunden- und Interessententeilung beinhaltet schon den ROI. In der Praxis entstanden intern im Netzwerk schon Umsätze, die die 10.000 Euro überschritten haben.

Somit: wir sprechen auch im AktivNetzwerk EG-Aktiv.com nicht von Kosten, sondern von einer vorteilhaften Investition, vorausgesetzt man beherrscht die Regeln des Networkings. Diese ungeschriebenen Gesetze und Regeln erlernen die Mitglieder auch gegebenenfalls bei mir im exklusivem Expertenseminar, in dem es zudem noch über fünfzig Vertriebs-, Marketing- und Networkingkonzepte gibt. Selbst Unternehmensberater und Netzwerkleiter konnten aus dem Seminar beziehungsweise aus der Einzelberatung ihren ROI schon mehrfach erzielen. Praxisnahes Wissen in Verbindung mit Qualität zahlt sich nunmal aus und es entsteht der praxisnahe Mehr-Wert.

Welche Branchen sind bei Ihnen vertreten – also: welche Art von Experten?

Das Netzwerk nimmt die Trainer, Berater, Coaches, Vortragsredner und Keynote-Speaker branchenunabhängig auf. Bei uns zählen nur zwei Dinge: Qualität und bei der Aktiv-Mitgliedschaft: professionelle Netzwerkarbeit.

Joachim Klein

Geschäftsleiter der Erfolgsgemeinschaft

www.erfolgsgemeinschaft.com

Erfolgsgesetz 8: Events: Das können Sie doch am besten!

Beispiel: Kennen kommt vorm Wollen ...
Karina Gross (Name geändert) bringt das Thema „Kreativität“ unter die Leute. Das macht sie als Beraterin und Moderatorin von Kreativsitzungen innerhalb von Unternehmen, sehr modern in Zeiten, die immer wieder neu „Innovationen“ fordern. Zudem ist sie spielerisch in Seminaren unterwegs, die viel Anklang finden. Mittelfristig hätte sie gerne einen breiteren Kundenstamm und kontinuierlichen Zufluss von Interessierten für ihre öffentlichen Workshops. Im Internet macht sie eine Menge – doch genau das ist der Effekt: viel Quantität, also Anfragen – doch wenig Qualität, also Umsetzung. Beim Jahreskongress eines Verbands diskutiert sie mit Kollegen darüber und bekommt eine Menge Input ...

Zeig doch mal!

Sie präsentieren immer wieder – als Trainer in Ihren Seminaren und Workshops, als Berater Zwischenergebnisse, als Freelancer den Projektstatus usw. Die Inhalte haben Sie zur Hand, mehr oder weniger ausgearbeitet. Teile daraus können Sie – soweit zulässig, je nach Vereinbarung mit Ihrem Kunden! – als Text zu Veröffentlichungen verwenden (siehe ...) – oder Sie machen ein Event daraus, um so potenzielle Interessenten neugierig zu machen. Dafür gibt es eine Menge Ansätze:

- Als Vortrag, vielleicht als ppt, wie von Ihnen bereits präsentiert, nur anonymisiert – minimaler Aufwand!
- Als Workshop – in verkürzter Form gemeinsam in einer Teilnehmergruppe Teilelemente erarbeiten
- Als Video-Show: Zeichnen Sie Ihre Veranstaltung auf – Ihr Live-Mitschnitt für quasi „unendliche“ Wiederholungen
- Als mp3-Audio-Datei – konzentriert aufs Hören, genauso multiplizierbar.

Wichtig dabei ist, dass Sie Appetizer entwickeln, denn Sie wollen ja Geld verdienen statt Ihr Know-how zu verschenken! Tatsächlich gibt es viele erfolgreiche Beispiele unter Ihren Kollegen, die kleine Eintrittsgelder für solche Schnupper-Events verlangen. Meist hat das positive Auswirkungen auf die Teilnehmerzahl: Was etwas kostet, wirkt wertiger als etwas völlig gratis Gebotenes. Wieso soll das nun nebenbei funktionieren? Weil Sie Chancen nutzen, die sich „von selbst“ ergeben: Beim Kunden der Slot beim Infotag; bei Fachmessen oder bei Kongressen, die Sie eh besuchen Lassen Sie nun auf sich wirken, was Sie hier als Ideen vorfinden:

Schnupper-Stunde (fast) gratis – locken Sie potenzielle Kunden an!

Lange Jahre war es üblich, dass Trainer und Berater Kurzversionen Ihres Standard-Repertoires zum Besten gaben: meist an einer Autobahn-Raststätte oder nahe Ballungsgebieten, jedenfalls verkehrstechnisch gut und einfach zu erreichen – und am frühen Abend beginnend, sodass der Besuch nach Feierabend möglich war, zum Beispiel 18 bis 22 Uhr. Wenn damit ein Imbiss mit Getränken verbunden war, zu Kosten von 25 oder 30 DEM – ja, das stammt noch aus der Mark-Zeit und hätte ein Revival verdient ☺ … Wenn ohne Bewirtung, eher 5 oder 10 DM oder auch gratis, die Teilnehmer bezahlten Ihren Verzehr direkt. Meist kamen die Veranstalter ohne Raumgebühren weg, weil sie für Umsatz der Gaststätte sorgten. Anbieter wie der in der Schweiz aktive Axel Rusch (www.axelrusch.com) sind auf diese Weise groß geworden, weil sie für eine hohe Zahl an Kontakten sorgten, die sie dann im Laufe der Zeit mit immer mehr Medien umwarben – eigenen und zugekauften Büchern, Hörbüchern, Video-Aufzeichnungen …

Präsentationen im Web

Stellen Sie die Aufzeichnung als Vodcast (auf Video-Basis) oder Podcast (reine Audio-Datei) ins Web. Wenn Sie Youtube nutzen, sparen Sie sich sogar Speicherplatz auf Ihrem „eigenen" Server, dann genügt ein Link auf Ihrer Website zur entsprechenden Youtube-Site! Nennen Sie diesen Link bei vielfältigen Gelegenheiten, die Ihnen zur „Akquise einfach so nebenbei" dienen können: Welche fallen Ihnen ein? Zum Beispiel ins Profil Ihrer community (Xing & Co.), auf die Visitenkarte usw. – und welche noch?

Vortrag auf Messen und bei Kongressen

Dafür müssen Sie heute in aller Regel bezahlen, zusätzlich zu Ihrer Standgebühr: Die Veranstalter bieten Ihnen die Plattform und das Publikum für Ihr Thema und wollen die Ihnen frei gehaltene Zeit bezahlt bekommen, Ihren „Vortrags-Slot". Prüfen Sie, welche Teilnehmer bei bisherigen derartigen Events gekommen waren und gleichen Sie diese mit Ihrer Zielgruppe ab.

Verbandsveranstaltungen

Schauen Sie ins Internet, geben die Suche „Verband Veranstaltung" oder „Verein Veranstaltung" ein – oh welch Masse! Lassen wir an dieser Stelle die reinen privaten Vereine beiseite – Hunde, Schützen, Garten, Sport … -, bleiben genügend für Sie relevante Berufs- und Branchen-Veranstaltungen, zusätzlich zu Messen und Kongressen. Viele Verbände sind dankbar für frischen Wind, interessanten Input, unterhaltsame Beiträge von Mitgliedern wie von Außenstehenden. So entstand im Gespräch mit einem potenziellen Beratungskunden, interessiert an meiner Moderation eines internen Workshops, dieser zusätzliche Gedanke: Die Mitglieder eines von ihm mit initiierten Mittelständler-Vereins könnten an einem Abend mit Tipps zur Selbstdarstellung in den Medien interessiert sein, statt immer wieder Ähnliches zu Finanz- und Steuerthemen zu hören – „aha" statt „gähn" sozusagen. Selten dürfen Sie allerdings ein Honorar erwarten, wenn Sie zwei oder drei Stunden im Kreis eines Regionaltreffens investieren, gerade mal die Reisekosten dürften drin sein. Dafür erhalten Sie die Chance, sich und Ihre Leistung im Kreis von einem, zwei oder mehr Dutzend Teilnehmern aus Ihrer relevanten Zielgruppe potenzieller Auftraggeber darzustellen – denn darauf achten Sie natürlich vor Ihrer Zusage!

Noch interessanter sind Jahresveranstaltungen von Verbänden: Zum Beispiel beim GABAL-Symposium dürfen Referenten gratis ein Forum von siebzig oder deutlich mehr Teilnehmern nutzen, wofür Sie sonst bezahlen müssen: Eine Zeiteinheit von dort 90 Minuten, während sonst ein „Vortrags-Slot" bei einem Kongress vielleicht gerade mal 30 Minuten umfasst, ausschließlich Ausstellern zur

Verfügung steht, die viel Geld für die Standgebühr ausgeben – oder extra bezahlt werden muss.

Kurzeinheiten, die Sie für Einsteiger und Zögerer verkaufen

Die Hemmschwelle deutlich niedriger, wenn nur 99 oder 199 EURO für einen halben Tag auszugeben sind und dabei mehrere relevante Themen behandelt werden. Ein gelungenes Beispiel sind die Wissensforen von Speakers Excellence, die zwischenzeitlich auch als regionale Veranstaltungen durch ganz Deutschland tingeln. Natürlich ist das primär Marketing für die beteiligten Redner, die sich daraus gut bezahlte Aufträge für firmeninterne Veranstaltungen erhoffen.

Setzen Sie „Duftmarken" bei Veranstaltungen.

Statt selbst aktiv zu werden, nehmen Sie bei anderen teil. Das haben Sie doch bestimmt auch schon erlebt: In jeder Diskussion gibt es mindestens einen besonders aktiven Teilnehmer, der die Chance nutzt, im Rahmen seiner „Fragen" an den Referenten dies zu tun: Zunächst gibt er ein Statement ab, schließlich muss er ja Bezug nehmen! Auf diese Weise gelingt ihm dies:

1. dem Referenten schmeicheln – etwa durch Vergleich mit einer „Größe" des Themas, einem bestätigenden Praxis-Beispiel oder pointiertes Zusammenfassen wichtiger Gedanken des Vortrags
2. seine eigene Kompetenz beweisen – etwa mithilfe der einleitenden Vorstellung der eigenen Person oder durch die Bestätigung der Aussagen aus eigenem Erleben heraus
3. sich um den Kontakt „bewerben", zum Beispiel via Angebot von Material zum Thema, Einladen zu eigener Veranstaltung (etwa eines Vereins) oder dem Angebot eines vertiefenden Gesprächs.

Das ist übrigens einer der seltenen Situationen, in denen es Sinn macht, möglichst Fach- und Fremdwörter zu benutzen, um so Sie Ihre Kompetenz zu unterstreichen – dabei kann das Wording durchaus helfen … Optimal ist dieses Vorgehen dann, wenn Firmen sich – im Rahmen von Kongressen, Foren auf Messen oder Vorträgen bei „Power-Seminaren" – mit Case-studies präsentieren. Und nach dem Ende der Veranstaltung tauschen Sie natürlich die Visitenkarte mit dem Referenten – voila!

Wichtig in allen Fällen: Versprechen Sie mehr, machen Sie neugierig, statt gleich alles Pulver zu „verschießen". Für die Übergabe einer Visitenkarte gibt es von Ihnen (per Mail-pdf?) dann einen Aufsatz, eine Checkliste, einen Projektbericht usw. Wenn Sie (als Referent) gleich ein Handout mitgeben, dann ist das natürlich auch nur ein Appetizer – mehr gibt es erst später, für einen Kontakt. Denn jeder Kontakt beinhaltet die Chance für eine Kontrakt …Bauen Sie immer ein Angebot für „darf's ein bisschen mehr sein?" ein. Damit bedienen Sie die gute alle AIDA-Formel:

A ttentation – machen Sie aufmerksam, neugierig
I nterest – das Interesse ist (auf-)geweckt
D esire – jetzt drängt der andere aufs „Habenwollen"
A ction – sagen Sie immer, was an Aktion zu folgen hat, zum Beispiel: Visitenkarte, Mail-Anfrage …

Das kann die Kür sein I: Der Kunden-Infotag

Sie haben schon oft den Begriff „Tag der offenen Tür“ gehört: Bei einem solchen Event präsentiert „man“ sich mit seinem Angebot. Natürlich tun sich auch hier Anbieter von Waren leichter, seien es Autos oder Möbel. Sie werden Ihre Leistung wieder durch Präsentationen und durch Schnupper-Workshops zum Besten geben. Überlegen Sie vorab,

- wie viele Gäste möchten Sie haben
- was sollten Sie als Rahmenprogramm bieten – für Begleitung, für Kinder zum Beispiel?
- Catering – inkludiert oder als zu bezahlendes Angebot; einfach oder aufwendig; Kleinigkeiten oder umfassendes (Themen-)Buffet?
- Dauer überhaupt – kleine Gruppen, mehrfach wiederholt?
- Verfügen Sie über geeignete Praxis- oder Büroräume? Welche externen Räume wären sinnvoll – in einem Hotel? Beim Kunden?

Das führt uns zu einer weiteren Form, der Kunden-Veranstaltung. Dabei stellt Ihnen Ihr Kunde Räume zur Verfügung und erhofft sich selbst eine PR-Wirkung davon. Klappt am besten dann, wenn Sie – zum Beispiel als Anbieter von Grafik-, Text- oder Programmierleistungen – viele unterschiedliche Interessenten und Kunden zusammen bringen können, sodass unmittelbare Konkurrenz vermieden wird. Ziel ist häufig auch, dass Ihr Kunde, der „sich“ zur Verfügung stellt, zugleich seine Produkte präsentieren kann, was weit über eine schlichte PR-Wirkung hinaus geht: Sie beide gewinnen neue Kunden, das ist die Hoffnung, eine echte Win-Win-Situation!

Gutes Gelingen beim Umsetzen! Was nehmen Sie sich als Erstes vor?

Das kann die Kür sein II: Eine „Ausstellung“

Das Konzept einer Messe mit vielen unterschiedlichen Ausstellern oder eines Kongresses mit vielen kleinen Beiträgen rund um ein Thema lässt sich auf die Darstellungsform einer „Ausstellung“ übertragen: Mehrere Anbieter präsentieren sich medial für Besucher, die – wie beim Besuch einer Kunstausstellung – einseitig aufnehmen, was ihnen geboten wird. Natürlich können Sie – wiederum ähnlich einer Kunstausstellung – eine „Führung“ bieten. Etwas weit hergeholt? Was halten Sie von derlei Ideen:

- Je nach verfügbaren Räumen und darin enthaltenen Wandflächen präsentieren Sie „Schnappschüsse“ erfolgreicher Ereignisse Ihrer Tätigkeit: Präsentation vor Vortretern des XYZ-Verbands, Ihr Workshop beim ABC-Kongress, Sie im Gespräch mit einer (relevanten) Größe der Wirtschaft oder einem Prominenten, bei dem es schlicht um Bekanntheit geht. – Wie lässt sich das auf Ihre Situation übertragen?
- Videos mit Trainingsausschnitten, Anbieter-Interviews, Aufnahmen von Powerpoint-Präsentationen laufen in Dauerschleife auf einem Abspielgerät oder auf mehreren – oder werden vom Zuschauer per Knopfdruck abgerufen. Immerhin stellen viele Externe ähnliche Sequenzen abrufbar ins Web! Wenn Sie über Räume mit Empfangssituation verfügen oder einen Aufenthaltsraum, ist das optimal. – Mit wem zusammen könnte Sie eine solche Darstel-

lung realisieren, die Ihr Angebot umfassender erscheinen lässt als es vielleicht ist?

- Sie wählen die Form eines Albums: Damit arbeiten viele Grafiker und Designer und natürlich Künstler allgemein, die ihre „Werksmappe“ zu vielen Gelegenheiten mitnehmen. Wer als Externer anderer Branchen unter mangelnder Visualisierung seiner Leistungen leidet, kann das „Schnappschuss-Konzept“ von oben aufnehmen und in eine Mappe übertragen. – Was fällt Ihnen dazu ein?
- Für manchen Externen ist eine Wanderausstellung machbar: Hierzu benötigen Sie einige mehr oder weniger großformatige Wände oder Plakataufsteller, die Sie zusammen geklappt jedenfalls per PKW gut mitnehmen können. Aufwendiger sind Messewände, die als patentiertes System zusammen gesteckt werden, siehe etwa www.messe-expo.de.

Das ist absolut innovativ, jedenfalls ist mir derzeit noch keine Konzeptrealisierung dieser Art bekannt … Je nach Dauer Ihrer „Ausstellung“ nutzen Sie Start und Finale ähnlich wie Kunstausstellungen für besonders medienwirksame Events, genannt „Vernissage“ und „Finissage“ – schon wieder „mehrere Fliegen mit einer Klappe“ …

Fazit

„Das eine tun, ohne das andere zu lassen“ ist ein passendes geflügeltes Wort für dieses Kapitel. Multiplizieren Sie schon Vorhandenes durch Verkürzen und möglichst häufiges Wiederholen: In der Routine liegt die Kraft – und in der Ruhe, die Sie daraus gewinnen. Wenig Vorbereitung erforderlich und als Quelle frischen Inputs für Ihre routiniert abgehaltenen Präsentationen, die sicherlich frischen Wind gut gebrauchen können.

… und Wollen gleich nach „Kennenlernen“!

Karina Gross ist fasziniert von all den Erfahrungen, die sie von anderen Kongressteilnehmern aufschnappen konnte. Live-Mitschnitte hat sie schon früher immer mal ins Netz gestellt, als Schnupper-Sequenzen. Das auch in der Realität zu machen, also Kurzworkshops bei vielen Gelegenheiten anzubieten, plant sie nun neu dazu. Eine weitere Idee ist, einen eigenen Workshop-Tag mit Freiwilligen in DVD-Qualität aufzuzeichnen und von einem Verlag heraus bringen zu lassen. Als das gelingt, erweitert sie im nächsten Schritt die beigefügte Broschüre zu einem ausführlichen Buch – voila! Doch begeistert ist sie vor allem davon, kleine Einheiten ihre Know-hows unterschiedlichen Kreisen als Appetizer vorzusetzen. Da sie das von nun an konsequent durchzieht, erreicht sie rasch das Ziel, kontinuierlich neue Teilnehmer für „das volle Programm“ zu gewinnen.

Erfolgsgesetz 9: Haptik verkauft für Sie: So machen Sie Ihre abstrakte Leistung „be-greifbar“

Beispiel: Ist „Dienstleistung“ denn zu abstrakt?
„Jahrelang habe ich erfolgreich Maschinen an den Mann gebracht und bin fast ein Jahrzehnt als Verkaufstrainer in dem Bereich tätig. Doch neuen Kunden nahe zu bringen, warum sie bei mir ein Training buchen sollen, fällt mir echt schwer“ beklagt sich Donald Gärtner (Name geändert). „Die wollen alle was zum Anfassen haben – doch ein Training ist halt keine Maschine, nichts Greifbares! Was raten Sie mir?“ fragt er seinen Coach, den er sich für eine mehrstündige Sitzung leistet, weil er voran kommen möchte. Übrigens auch das eher typisch für gestandene Verkäufer: Sie wollen Vorschläge, Input – etwas zum Nachmachen. Doch zunächst muss er nun einige Fragen des Coach beantworten: Woran konkret macht er das fest, etwas „zum Anfassen“ bieten zu sollen? Wie geht er bisher vor, in seiner Akquise, in den Gesprächen? Schritt für Schritt tasten sich die beiden gemeinsam an Lösungen für Donald Gärtner heran ...

„Darf's ein bisschen mehr sein?“

… fragt die klassische Verkäuferin an der Fleischtheke, meistens, weil mehr als die gewünschte Menge auf der Waage gelandet ist. Deutlich erkennbar – und das Fleischpäckchen nachher spürbar und greifbar – die Verkäuferin hat ein Produkt zu bieten. Anders viele Externe, die der Meinung sind, ihre Dienste nur schwer anpreisen zu können: Alles recht abstrakt, was ein Trainer, Berater oder Freiberufler im IT- oder Werbebereich so tut? Nun, beobachten Sie einmal Ihre Kollegenschaft etwas bewusster: Was präsentieren jene, die auf Messen ausstellen? Wie wird mit Anzeigen geworben, ob klassisch in Print-Medien oder online im Web? Welche Aussagen finden Sie, welche Versprechungen werden gemacht? Genau, Versprechungen: Was erhält ein potenzieller Interessent, wenn er reagiert – mit seiner Visitenkarte beim Kongressvortrag, mit dem guten alten Coupon aus der Fachzeitschrift, mit einer E-Mail im Internet? Sie werden feststellen: Viele der Erfolgreichen gehen über das reine Wort oder auch Bewegtbild hinaus – sie liefern etwas „zum Anfassen“, und das ganz einfach nebenbei!

Noch zu abstrakt für Sie? Stellen Sie sich etwas Konkretes vor: Geeignet sind alle Gegenstände, die dreidimensional wirken, also über die Fläche hinaus gehen. Ein Blatt Papier ist zweidimensional – ein Buch bereits 3D. Typische Give-aways wie Kugelschreiber, Pfefferminz-Spender oder Spielzeug wie zum Beispiel bedruckte Würfel oder Flaschenverschlüsse in der Form eines Kreisels sind ideal geeignet. Voraus gesetzt, Sie stellen eine sinnvolle (sinn-volle!) Verbindung zu Ihrer Dienstleistung her, damit Sie einen für Sie relevanten Effekt auflösen: Aufmerksamkeit gewinnen, Interesse wecken, Wiedererkennung schaffen, Erinnerung bewirken. Lassen Sie sich mitnehmen, zu einigen Ideen, aus denen Sie Ihre persönliche(n) Lösung(en) entwickeln …

In Ihrem Alltag verstärken: Seminar, Beratung, Projekt – anfassen lassen

Fangen wir bei dem an, was Ihr Broterwerb ist: Womit unterstützen Sie Ihre Präsentationen beim Kunden oder mit Teilnehmern? Hier eine kleine Auswahl:

- spielerische Elemente: Bälle, Smileys, Puzzles, Stäbe …
- Baumaterial: Klötze, Mosaik, …
- Notizen: Blöcke, Stifte, Handouts, …
- Assecoires: Tücher, Becher, …

Wohl gemerkt, im Einsatz, wo´s passt.

Events: was geben Sie den Teilnehmern mit?

Auch nach Kongressvorträgen und ähnlichen Präsentationen (siehe Events – das können Sie doch am besten) empfiehlt es sich, etwas möglichst Haptisches mitzugeben: Sie haben sicher schon einmal beobachtet, wie stark bepackt mancher Messe- oder Kongressbesucher am Ende des Tage das Weite gesucht hat. Wie groß ist die Chance, dass Ihr Handout von ein paar DIN A4-Blättern beim Aufarbeiten des Events nach Rückkehr ganz oben im Stapel auf dem Schreibtisch landet? Es hat gute Gründe, dass viele Messe-Aussteller 3D-Gegenstände verteilen. Doch halt. Statt jetzt zu überlegen, ob Sie Ihren Teilnehmern den 25. Kugelschreiber oder den achten Pfefferminzspender zustecken, seien Sie kreativ, lassen Sie sich etwas einfallen: Am wertvollsten sind doch Ihre Inhalte, oder? Eine aufwendige Broschüre, die handelsüblich gebunden sein kann (Ringheftung oder Klebebindung), ist sehr gut geeignet. Doch auch manche „gadgets" behalten Aufmerksamkeit über den Tag hinaus, etwa diese:

- Brillenputztücher – und zwar Microfaser, nicht etwa die (für Kunststoffgläser höchst schädlichen!) Feuchttücher, in einer durchsichtigen Plastikhülle; geeignet für alle, da auch Sonnenbrillen geputzt werden sollten,
- Kleine Notizblöcke, Format A6 (Postkartengröße) oder sogar A7 (halbe Postkarte), bestens in der Jacken-Seitentasche unter zu bringen, für Herren wie für Damen – gibt es auch als Post-it-Blöcke.
- Schlüsselanhänger mit sinnvollem Zusatznutzen: Mini-Lampe; Schreibstift mit Kappe; USB-Stick …
- Figürchen für den Schreibtisch: Passt ein Buddha zu Ihrem Angebot oder der „Denker von Rodin", die vier tickenden Kugeln, eine Mini-Goethe-Büste – oder ein liegender Buchstabe, etwa das @-Zeichen für den CIO oder ein kaufmännisches „und", also „&" für den Controller?

Natürlich kostet das alles Geld; orientieren Sie sich bei Werbeartikel-Anbietern wie www.hach.de oder www.schneider.de – oder bei Skulpturen-Lieferanten (www.graf-motivationskunst.de).

Direct Mail per Post: Womit ragen Sie hervor? Womit bleiben Sie „haften"?

Beobachten Sie, was die anderen tun, egal, ob Ihre direkten Mitbewerber oder Branchenfremde. Hier ist Kupfern angesagt! Nehmen Sie zum Beispiel den BankStrategieBerater Willi Kreh und seinen „PIN-Tresor": Eigentlich flach, wirkt der Karton durch seine Dicke und Farbigkeit bereits dreidimensional. Durch ihren Sofortnutzen landet die Karte in vielen Geldbeuteln und Brieftaschen, weil es künftig reicht, ein einziges Schlüsselwort im Kopf zu haben, die verschiedenen PINs (von Konten, Karten usw.) sind verborgen auf der Karte gespeichert! Geliefert wird dieses Tool zum Beispiel von www.typofactory-stuttgart.de. Botschaft angekommen? Wenn Sie ein klassisches „White-mail" einsetzen und Werbebriefe per Post verschicken, kann das durchaus im 20g-Standardpackage-Bereich bleiben, zum günstigst möglichen Porto verschickt. Immerhin darf das Kuvert dann trotzdem fünf Millimeter dick sein! Also überlegen Sie:

- welche Art von Karte mit welchem Nutzen in welcher Größe könnten Sie beilegen? Einige Zeit lang waren 3D-Karten-Motive beliebt, die durch die Bedruckung je nach Kippen Unterschiedliches zeigten.
- Welche Plastikfigur macht Sinn? Die Beraterin und Trainerin in Medienfragen Birgit Lutzer (www.lutzertrain.de) verschickte zum Beispiel ein Lesezeichen in der Form eines „guten Geistes" – 3D und dennoch in einem normalen Briefkuvert zum Standardporto untergebracht! „Gute Geister für Ihr Marketing" titelt die Karte auf der einen Seite, auf der anderen liest der Empfänger: „Dieses Gespenst hat einen guten Biss. Es eignet sich zum Heften von Notizzetteln und als Lesezeichen, wenn es zwischen die Buchseiten gelegt wird." Das Wording ist stark auf Kinästhetik ausgerichtet (siehe Seite …) und verstärkt so den dreidimensionalen Eindruck zusätzlich. Entscheidend ist sicher, dass dieses give-away einen klaren Bezug zur Dienstleistung herstellt.
- Der gute alte Smiley als Anstecker – neudeutsch „Button" – oder aufgeklebt, wird etwa von Georg Paulus eingesetzt (www.traum-firma.de) – in zwei Versionen: Neben dem „normalen" ☺ auch als zwinkernder …
- Münzen eignen sich hervorragend, Cent-Stücke genügen: Sie sind durchs Kuvertpapier hindurch zu fühlen und reizen dazu, den Brief zu öffnen. Und dann hoffentlich zu lesen … Und, schon eine Idee rund um Münzen?
- Ebenfalls wertig sind Lesezeichen aus Metall, zum Beispiel in einer Version „Eule des Wissens", die sich zusätzlich als money-clip eignet.

Höre ich den Hinweis, Mailings seien out respektive Sie jedenfalls setzen keine ein, weil zu teuer? OK, nachvollziehbar. Verschicken Sie Rechnungen und andere Kundenpost noch auf dem Weg, der mal der übliche war? Auch das ist eine exzellente Gelegenheit, sich in Erinnerung zu halten, mit einem dieser nützlichen Gegenstände! Was Sie wählen, hat natürlich mit der benötigten Menge zu tun und mit den damit verbundenen Kosten, etwa auch für Ihren Eindruck; der findet sich häufig in dem leichten Karton, der „das Ding" hält, sodass aufwendigerer Druck auf den Gegenständen selbst entfällt.

In früheren Zeiten war ein „Neccessaire für unterwegs" ein typisches Dankeschön-Geschenk an Kunden; in vielen Hotels finden Sie noch heute eine Mini-Form davon – oder zumindest Mini-Nähzeug „für den Fall des Falles". Wie übrigens auch Mini-Ausgaben von Duschgel und Haarshampoo, durchaus auch die vorhandenen Spender ergänzend. Und wo finden Sie die gelegentlich wieder? Bei Freunden und Bekannten oder bei sich selbst – im Gästebad oder für Gäste im eigenen Bad bereit gestellt. Ein toller Multiplikationseffekt für den „edlen Spender“ …

Unterlagen, also Prospekte & Co.: Investieren Sie in gewichtiges Papier

Ordner statt Mappe: Wird ins Regal gestellt statt in die Schublade gelegt und bleibt so immer vor Augen statt zu verstauben. Darin auch Leerseiten zum Notieren und Befüllen, etwa Arbeitsblätter: Auf diese Weise sorgen Sie einmal für Transfer, aus Ihrem Training, Ihrer Beratung oder dem Interim-Einsatz, Ihrem Projekt nach dessen Abschluss. Und zum anderen erinnert der Nutzer immer wieder, wem er dieses Wissen zu verdanken hat. Ihnen!

Unterlagen verschiedenster Art gehören mit Sicherheit zu Ihrem Geschäft, seien es

- Handouts fürs Seminar oder den Vortrag
- Arbeitsmappen für den Workshop
- Präsentationen jeglicher Art für viele Gelegenheiten
- Begleitmappen für die Projektsitzung
- Und und und …

Sammeln Sie sorgsam Archivexemplare, und zwar getrennt von Ihrer üblichen (Kunden-)Ablage: Auf diese Weise entsteht nach und nach bereits eine Art „Buch“. Und das gilt übrigens auch für Kunden und Teilnehmer, die mit Ihnen über längere Zeit, über viele Jahre in einem Auftraggeber-Verhältnis stehen: Für den einen oder anderen wird sogar eine Buchserie daraus. Voraus gesetzt, Sie arbeiten mit aufwendigeren Mappen statt einfacher Zettelsammlungen:

Ähnlich dem Effekt bei Markenartikeln, die uns einfallen, sobald wir sie benötigen: Warum kaufen Verbraucher Persil statt eines „No-Name-Waschmittels“? Weil Persil entsprechende Plätze auf der Großhirnrinde besetzen – „du sollst kein anderes neben mir haben!“. Dazu gehören Logo und Claim als Wiedererkenner! Und Sie nutzen natürlich die Chance, aus der Seminar- oder Projektmappe ein „Loseblattwerk“ zu machen, indem Sie immer mal wieder eine Ergänzung liefern, durchaus gratis: Checklisten, Case-studies, von Ihnen veröffentlichte Artikel, einen Update … So kommen Sie immer wieder ins Gespräch, „so einfach nebenbei“, frei von angestrengter Akquise. Sie bringen sich in Erinnerung und werden wieder gerufen, sobald Bedarf besteht: Glückauf! Schauen Sie am besten gleich in Ihre Kontaktliste und überlegen, wen Sie mit was beglücken können …

Verbal be-greifbar machen

Sie sind weniger davon überzeugt, give-aways einzusetzen, möchten jedoch vom Effekt der „3D-Haptik“ profitieren? Dann passen Sie Ihr Wording an und wählen die Sinnesorientierung „Kinästhetik“ aus dem NLP (Neurolinguistisches Programmieren): VAK-OG steht für

Visuell: Das Sehen – dazu gehören Farben, Bilder, schauen, strahlen …

Auditiv: Das Hören – dazu gehören Töne und Klänge, Musik, lauschen, klingen …

Kinästhetik: Das Fühlen – dazu gehören Fixiertes wie Bewegung, stehen und gehen …

Olfaktorisch: Das Riechen – mit Duft und Anrüchigem …

Gustatorisch: Das Schmecken – mit Würze und Säure …

Die beiden letzt genannten Sinne werden seltener angesprochen, doch etwa in der Gastronomie oder Lebensmittel-Industrie spielen sie natürlich eine erhebliche Rolle. Uns geht es hier es um den Tastsinn: etwas fühlen, Druck oder Temperatur; etwas tragen; etwas anfassen, begreifen. Beispiele für von Ihnen zu wählende Worte:

- Verben (Zeitwörter): greifen, zeigen, (an-, zu-)packen, fühlen, heben, schweben, gehen, laufen, traben, galoppieren, (auf-, ab-)bauen, verändern, dazu stellen, weg nehmen, tasten, entdecken, ausgraben, entlasten, sich verneigen, vergrößern (und verkleinern), Hand anlegen, unternehmen, zusammen fassen, wiederholen, fallen, werfen, stellen, berühren, sich zerreißen, Fäden knüpfen, …
- Substantive (Hauptwörter): Gewicht, Wärme, Kraft, Stärke, Gefühl, Tanz, Waage, Balance, Angriff und Verteidigung; aus dem Sport entlehnte Begriffe, etwa Fußball, Skilauf, Golfen; Vorsicht vor militärisch belastetem Wortschatz, kommt meist weniger gut (und wird von mir hier im Buch deshalb auch zurück haltend genutzt), siehe ? Kaliber, ? Schuss vorn Bug, ? Etappe usw. – Am obigen Beispiel „Angriff und Verteidigung“ sehen Sie, wie schwer das durchzuhalten ist: Viele Militärbegriffe sind bereits in die Sportsprache gesickert … Nehmen Sie diesen Satz übrigens als absolut kinästhetisch orientiertes Sprachbeispiel ☺ …
- Adjektive (Eigenschaftswörter): schwer, leicht, schnell, locker, fest stehend, weit, fühlbar, belastbar, tragfähig, verfügbar, kalt – warm, - und die Ableitungen, also zum Beispiel schwer – schwerer – am schwersten, höher – schneller – weiter, …
- Sprichwörter und geflügelte Worte: Finger in die Wunde legen, mehrere Fliegen mit einer Klappe schlagen, ohne Umwege direkt zum Ziel gehen, jeder ist seines Glückes Schmied, auf Herz und Nieren prüfen, Hand in Hand gehen, an einem Strang ziehen, Fuß in die Tür stellen, Wind aus den Segeln nehmen, weht ein anderer Wind, einen Versuchsballon starten, …
- Konkrete Aktionsaufforderungen – Sie kennen sie aus der Werbung: greifen Sie zu, am besten bestellen Sie gleich, jetzt die Chance ergreifen – oder „come in and find out“, also herein kommen und heraus finden (was allerdings von Douglas-Kunden mit geringen Englischkenntnissen übersetzt wurde mit „komm rein und find wieder raus“ ☺ …).

Sie sehen, der Wortschatz ist trotz der Konzentration auf „Greifbares“ durchaus vielfältig und so auf unterschiedliche Situationen anwendbar! Wenn Sie mögen, stellen Sie sich doch gleich eine eigene Liste zusammen …

In „Klardeutsch – Neuro-Rhetorik für Manager“ stellt mein Namensvetter Markus Reiter auf Seite 40 folgende Werbetexte gegenüber, einer namenlosen Unternehmensberatung zugeschrieben:

„Die Individualentwicklung ist geprägt durch permanente Innovationsschübe und eine entsprechend hohe Zahl an Methoden, Technologien und Werkzeugen. Flexibilität und die einfache Adaptierbarkeit von Entwicklungsvorhanden entscheiden dabei häufig über Erfolg und Misserfolg.“ Aha?!

„Unsere Unternehmensberater sind wie Sherpas bei einer Himalaja-Besteigung. Wir tragen Ihr Gepäck. Wir nehmen Ihnen manche Mühe ab. Wir ermuntern Sie auf dem beschwerlichen Weg. Aber den Triumph der Gipfelbesteigung genießen Sie ganz alleine!“ Wie kommt das bei Ihnen an? Jedenfalls deutlich konkreter, greifbarer?

Nehmen Sie sich ein Beispiel …

… indem Sie bewusst auf die großen Überschriften in Printmedien achten – und auch auf die „Headlines“ in Fernsehnachrichten, die meist „Baselines“ sind, weil sie unten am Bildschirm mitlaufen, etwa als Breaking News. Sie finden dort eine Menge Anregungen, gerade für bildhafte und haptisch-anmutende Formulierungen. Dieses Beispiel habe ich mir notiert, anlässlich eines Schweiz-Aufenthalts:

„Gegen Kolumbiens Koka-Anbau ist kein Kraut gewachsen“ (*tagesanzeiger Zürich*, 14. März 2009) spielt einerseits mit der Sprachmelodie „K-K-K“, andererseits mit geflügelten Worten („kein Kraut gewachsen“), macht das Thema greifbar und visualisiert zugleich.

Fazit

Wer seine kopflastigen Aufgabenlösungen gezielt wie ein Handwerker behandelt, tut sich leichter – das gilt schon für den Externen-Alltag. Und erst recht für das besonders gewichtete Akquise-Vorgehen: Machen Sie Ihr Anliegen handhabbar, indem Sie sich die Geheimnisse der Haptik aneignen – im ersten Schritt. Und als zweiten Schritt auf der Erfolgstreppe Ihre Expertise, Ihr Verständnis, Ihr Know-how Ihren potenziellen Abnehmern greifbar machen. Sei es dadurch, dass Sie tatsächlich dreidimensionale Gegenstände ins Spiel bringen – dafür gibt es viele Chancen. Sei es dadurch, dass Sie „packende“ Inhalte in eine spürbare Sprache kleiden: Auf diese Weise lassen Sie scheinbar dürre, abstrakte, trockene Beratungsleistung lebendig werden. Und erhöhen Ihre Chance zu neuen Aufträgen – einfach nebenbei.

… und kann doch so gut anfassbar sein!

Donald Gärtner ist schwer beeindruckt davon, was im Laufe von gerade mal drei Coachingstunden à 45 Minuten heraus gekommen ist – pardon, er selbst erarbeitet hat: Er wird mehr aus seinen Unterlagen machen, das packt er gleich an. Dann wird er sich einen „Lösungswürfel“ als leichten Schwamm besorgen, der auf den sechs Seiten die modulare Struktur seines Verkaufstrainings abbildet. Schließlich will er seine Unterlagen inhaltlich überarbeiten und noch mehr „Kinästhetik“ an Wortschatz rein packen, als eh schon drin ist: Darauf freut er sich schon.

Interview mit Peter Sawtschenko: Positionierung – das erfolgreichste Marketing auf unserem Planeten!

Herr S., Sie sind ein international renommierter Wirtschaftsexperte und Bestseller-Autor und der führende Praxisexperte für Positionierung. Sie firmieren als „Institut für Positionierungs- und Marktnischen-Strategien". Wie kann ich als freier Trainer und Berater mir das vorstellen?

Schwerpunkt unserer Arbeit sind die Fragen die viele Unternehmen, Freiberufler, Trainer und Berater, besonders angesichts der Krise, ständig beschäftigen. Warum geraten Unternehmen in die Krise? Wie man Wege aus der Krise findet, die Preis – und Austauschbarkeitsfalle verlässt und sich neue Wachstumspotenziale erarbeitet. Wie kann ich eine nachhaltige Stärkung und Verbesserung der eigenen Marktposition erreichen. Wie kann ich meine

Leistungen bedeutend besser verkaufen, Verkaufsprozesse signifikant beschleunigen und deutlich höherer Preise erzielen. Mit welchen Spielregeln kann ich automatisch eine Sogwirkung erzielen und die Wertschöpfung je Kunde deutlich steigern. Wie kann ich signifikant Werbekosten einsparen und die Geldverschwendung durch hohe Streuverluste vermeiden. Was kann ich tun, damit meine Kunden sogar meine Werbung bezahlen.

Ihr Motto ist: „Wer nicht automatisch neue Kunden gewinnt, ist falsch positioniert" Was kann ein Berater daraus für sich ableiten?

Die wichtigste Frage die sich jeder stellen sollte: Warum soll ein Kunde ausgerechnet bei mir kaufen und nicht bei meinen Wettbewerbern? Die wenigsten Berater wissen eine Antwort auf diese Frage, weil sie kein klares Alleinstellungsmerkmal haben. Die Austauschbarkeit bringt Kunden dazu, selbst nach Unterscheidungsmerkmalen zu suchen. Ist es nur der Preis, dann werden sich viele Käufer in ihrer Orientierungslosigkeit einzig am Preis ausrichten auch danach entscheiden. Wer sich nicht selbst positioniert wird positioniert! Wer positioniert wird, kann sein Markenimage nicht selbst bestimmen.

Wie kann ein Berater die Nr. 1 im Kopf seiner Zielgruppe werden?

Positionierung ist die Energiequelle und der Turbolader für ungewönnliche Markterfolge. Es ist die »Geheimwaffe«, mit der Sie sich der Krise, der Austauschbarkeit und dem Preiskampf erfolgreich entziehen, die Nachfrage steigern, neue Spezialisierungsmarktnischen finden und auch als Berater und Trainer zu einer erfolgreichen Marke werden. Positionierung bedeutet – anders sein als andere. Positionierung beschäftigt sich damit, Lücken im Markt zu finden und sie zu besetzen. Es geht um eine Lücke beziehungsweise Nische, in dem ein Berater oder Trainer als einzigartig wahrgenommen wird, sich entfalten kann und Wachstumschancen hat. Berater oder Trainer, die einzigartig sind und in den Augen ihrer Kunden ein Alleinstellungsmerkmal besitzen, brauchen nicht mehr über den Preis zu verkaufen. Statt Preisgesprächen werden mit Kunden und Interessenten Nutzengespräche geführt. Nur wer sich von anderen unterscheidet, Alleinstellungsmerkmale hat und für eine besondere Spezialisierung beziehungsweise Zielgruppe steht, wird in Zukunft profitabel arbeiten. Wer sich nicht unterscheidet, für den legt die Konkurrenz oder legen die Kunden den Preis fest. Nehmen Sie das Beispiel eines Steuerprüfers beim Finanzamt, der nach vielen Jahren erfolgreicher Tätigkeit sich als Steuerberater selbstständig gemacht hat: Nach einigen Monaten stellte er fest, dass er in einem Meer gleich gearteter Mitbewerber schwamm und wenig Kunden fand. Als er mein Buch gelesen hatte wurde ihm klar, dass die Lösung seiner Positionierung eine Kombination seiner Stärken ist. Er positionierte sich als „SteuerConflictCoach“ und konnte so seine Stärken einsetzen. Als ehemaliger Prüfer weiß er brillant mit seinen ehemaligen Kollegen umzugehen – und wird auch von anderen Steuerberatern sehr geschätzt und beauftragt. Bereits drei Monate später schrieb die FAZ über ihn und danach wurde er zu diversen TV-Sendungen eingeladen.

Welche Schritte definieren Sie, um diese „automatisierte Nachfrage mit Auftragsmaschine“ zu erreichen, so nennen Sie das ja?!

Nun, das erste Kriterium ist, seine Spezialität heraus zu arbeiten statt die breite Masse ansprechen zu wollen. Viele treten als Allrounder auf statt sich spitz aufzustellen. Dafür braucht es, die Zielgruppe spitz zu definiern – als „Leidens-Zielgruppe“, um dann als Problemlöser genau für diese Menschen aufzutreten. Prof. Mewes hat einmal gesagt: „Jedes Problem ist eine Chance in Arbeitskleidung“ – und die gilt es zu nutzen! Also weg vom „Markt“, der nur mit einer geballten Ladung an Streuverlusten anzusprechen ist, hin zur Nischen-Kompetenz – das kann eine besondere Branchen-Expertise sein.

Was passiert durch dieses Herausarbeiten spitzer Problemlösungs-Kompetenz „einfach so nebenbei“?

Sehen Sie, genau das ist der Punkt: Leuchtturm der Branche zu werden, hat automatisch Bekanntheit zur Folge – die Medien interessieren sich für Sie, Zeitung und Fernsehen berichten. Sie können einen höheren Tagessatz verlangen und benötigen so weniger neue Aufträge – die Maschine kommt ins Rollen!

Sprechen Sie damit das sogenannte Empfehlungs-Marketing an?

Mehr als das: Gehen Sie Kooperationen ein, empfehle ich meinen Klienten. Was die Großen tun, kann für Kleinere kaum falsch sein: Joint-venture ist das Zauberwort, aus dem heraus eine Win-win-Situation entsteht. Mithilfe von Co-Branding profitieren Berater und andere freie Experten von der Zuweisung hoher Kompetenz – etwa der Heilpraktiker-Psychotherapeut im Zusammenspiel mit einem Schulmediziner. Wobei dort auf eine Reihe von Einschränkungen zu achten ist.

Sie hatten im Vorgespräch die Top 100 von Speakers Excellence angesprochen ...

Genau – wenn Sie in den Katalog schauen, finden Sie für einige Themen eine große Fülle ähnlicher Speaker – nehmen Sie „Vertrieb“: Wonach entscheidet der Nachfrager? Helfen Sie ihm, das ist mein Rat an die Kollegen, indem Sie Ihrem potenziellen Kunden eine klare Alleinstellung bieten, die er nur bei Ihnen findet. Das Thema Vertreib hat viele Fassetten.

Angefangen von der Vertriebsplanung über Controlling, Motivation und Kaltakquise hin zu Verkaufsgesprächen etc. Alleine der Bereich Verkaufsgespräche hat ebenfalls ein breites Spektrum an Positionierungsnischen. Hier sucht man zuerst das Gebiet was den Unternehmen das größte Problem bereitet. Das kann zum Beispiel das Thema höhere Preise erzielen sein. Vorausgesetzt man beherrscht auch das Thema exzellent.

Vielen Dank fürs Gespräch – mit einer Menge Hinweise für „Akquise einfach so nebenbei“, die Auftragsmaschine anzustoßen!

SAWTSCHENKO INSTITUT für Positionierungs-Marktnischen-Strategien

www.sawtschenko.de

Erfolgsgesetz 10: Sie nutzen Ihr Telefon zielgerichtet als integriertes Instrument!

Beispiel: Zu vieles aufgehalst?
Anita Niedermair (Name geändert) ist seit vielen Jahren als SAP-Consultant tätig und im Allgemeinen gut ausgelastet. Gelegentlich kommt es allerdings vor, dass der nahtlose Anschluss an ein auslaufendes Projekt fehlt, was ihr dann doch Kopfzerbrechen bereitet: Aktives Akquirieren liegt ihr eher fern. Derzeit passt alles, sie sitzt am Wochenende am Abschlussbericht und hat die Koffer schon für die Abreise zum nächsten gepackt, Montag soll es los gehen. Für den Sonntag hat sie sich ein paar Stunden frei genommen, um eine alte Freundin zu treffen. Jetzt sitzt sie mit Karina im Café und genießt Latte Macchiato und Tiramisu. Ihre gute Laune kippt blitzartig in Stress, als die Freundin fragt: „Und wie geht es dir allgemein mit Aufträgen? Was folgt auf das Projekt, zu dem du fährst?“ Der Stress rührt daher, dass sie tatsächlich noch nicht weiß, wie es weiter geht: Durch einen Eigentümer-Wechsel bei ihrem seit langen Jahren größten Auftraggeber „sitzt sie zwischen den Stühlen“. Hin- und her gerissen zwischen mehreren Projekten, fehlt ihr objektiv die Zeit, auch noch aktiv ihre vielen Kontakte anzufragen. Denn das möchte sie nicht einfach per Mail tun, da muss ein Gespräch her ...

Heutzutage ist das Gewinnen von Kunden mithilfe des Telefons anders als vor zehn Jahren. Wurde damals noch „mit dem Holzhammer“ aggressiv Kunden gekeilt, setzen erfolgreiche freie Experten nun das Telefon strukturiert im Rahmen ihres Nebenbei-Marketing ein. Dabei lernen die Erfolgreichsten von Großkonzernen – nehmen wir Salesforce, übrigens ein ganz Großer unter den CRM-Softwarehäusern: Trifft dort eine Anfrage per Mail ein, erfolgt innerhalb weniger Stunden ein Anruf. Natürlich wird im Kontaktformular auch die Telefonnummer des Interessenten abgefragt. Das „Dankeschön für Ihr Interesse“ am Anfang des Telefonats ist selbstverständlich, danach folgen vertiefende Fragen wie zum Beispiel:

- Für welche Art von Kontakten – Branche, Funktion …
- Für welche Art von Angebot – Herstellung, Dienstleistung, Handel …
- Welche Mengen sind zu bewältigen – einige hundert oder tausend Kontakte
- Welche Kontaktwege setzen Sie ein – persönlich, telefonisch, schriftlich …

Sie zögern und überlegen, ob Sie sich ausgefragt vorkommen würden? Tatsächlich ist es wichtig, diese Fragen zu begründen: „Damit wir Ihnen die passenden Informationen zu jenen Produkten zukommen lassen, mit denen Sie wirklich etwas anfangen können, frage ich Sie lieber gleich. Dann nehme ich Ihnen die Arbeit ab, mühsam aus einem Wust von Unterlagen die heraus zu finden, die Ihnen weiter helfen! Einverstanden, wenn ich Ihnen einige Fragen stelle – das wird etwa drei Minuten dauern?!“ So wird der Service-Charakter des Telefonats betont und zugleich die Zeit des Interessenten wertgeschätzt – wer wird da nein sagen?

Was sagt Ihnen das? Gerade bei einem Anbieter von CRM dürfen wir unterstellen: Es wird sehr sorgsam gemessen, welchen Erfolg welche Art des Vorgehens hat – mit der eigenen Software selbstverständlich! Wenn Sie also derlei selbst erleben oder von anderen erfahren, kann das nur eines bedeuten: Es ist erfolgreich - kupfern Sie das! Davon profitieren Sie vielfach, voraus gesetzt, Sie machen eine wirksame Strategie daraus: *Persönliche Besuche kosten Zeit und Geld.* Deshalb empfehlen erfolgreiche Trainer und Berater, Vis-a-vis-Meetings dosiert dann einzusetzen, wenn sie unumgänglich erscheinen: Statt zwei- bis dreimal jährlich zu wichtigen Kontakten zu reisen, rufen Sie diese lieber vier- bis sechsmal an. Das geht so einfach nebenbei, kurzfristig und zwischendurch, während Reisen selten spontan möglich sind und ein Vielfaches an Zeit und Geld kosten. Und wie sieht es mit dem Nutzen aus, wie mit dem Ertrag der Aktivität? Die Erfahrung zeigt, dass Telefonieren im Verhältnis zu schriftlicher Werbung den (mindestens) sechs- bis zehnfache Erfolg bringt, während ein persönlicher Besuch im Verhältnis zum Telefonieren nurmehr etwa zwei- bis dreimal so stark wirkt. Ein klares Signal, das Telefon intensiver nutzen! Denn meist lässt sich die Auftragsklärung auch dann am Telefon durchführen, wenn Sie sonst dazu neigen, Ihre Körpersprache in Verhandlungen stark einzusetzen und jene der anderen am Tisch zu beobachten: Nachfragen, Details klären, Vorschläge machen ... Klare Absprachen zu treffen, ist übrigens am Telefon genauso wichtig wie im persönlichen Meeting …

Doch was tun, wenn Ihr Kontakt auf einen persönlichen Besuch drängt? Mancher Experte greift Freude strahlend zu seinem Terminkalender und stimmt zu – natürlich gibt es diese Möglichkeit, auftragsfreie Zeiten relativ sinnvoll zu belegen. Andere Freelancer sind zurück haltender und erinnern sich daran, dass sie das einige Stunden Zeit kostet: für Vorbereitung, Anreise, Gespräch, Rückreise und Nachbereitung. Innerhalb dieser Stunden sind ihnen viele Kontakte per Telefon möglich! Deshalb schieben sie qualifizierende Fragen ein, um den beiderseitigen Sinn eines solchen Treffens zu prüfen:

- „Das freut mich, Herr ABC, dass Sie mich für ein Gespräch empfangen möchten. Ich schließe daraus, dass Sie grundsätzlich an einer Zusammenarbeit mit mir interessiert sind, ist das richtig?"
- „Dann handelt es sich beim Thema XYZ offenbar wirklich um eines, das Sie beschäftigt, das für Ihr Unternehmen in Kürze ansteht, oder? … Immer voraus gesetzt, Sie und ich finden inhaltich und finanziell zu einander, innerhalb welchen Zeitfensters möchten Sie die Maßnahme dann realisieren?"
- „Lassen Sie uns den Gedanken eines persönlichen Treffens im Auge behalten und gleich wieder aufgreifen. Was können und sollten wir im Vorfeld bereits besprochen haben, um das Gespräch möglichst effizient vorzubereiten?"
- „Wenn wir uns zusammen setzen, Herr ABC, was meinen Sie, wie viel Zeit möchten Sie dafür reservieren? Wer sonst sollte teilnehmen, damit wir Nägel mit Köpfen machen können? Was genau werden wir diskutieren, welches Ziel sollte am Ende des Meetings aus Ihrer Sicht erreicht sein?"

Das bedeutet, Sie entwickeln für sich und den Gesprächspartner das Szenario eines Treffens, das sonst häufig erst beim zweiten oder dritten persönlichen Gespräch erreicht wird. Unter dem Strich erreichen Sie, dass Ihr potenzieller Kunde Sie als hoch professionell erlebt und sehr zufrieden ist, Zeit für weitere aufwendige Gespräche gespart zu haben. Je nach dem, was genau Sie als freier Experte mit Ihren Kunden und für diese entwickeln, begleiten Sie Ihre Telefonate mit weiter führenden Unterlagen: Fragebogen, Checklisten, Analyse-Tools. Andere setzen begleitendes Material ein, das Sie vor und nach einem Telefonat per Mail-Anhang oder Link zur Verfügung stellen.

Auf diese Weise bleibt Ihnen überraschend viel Zeit, sich mit mehr Kontakten zu befassen wie auch dem einzelnen Kontakt häufiger Aufmerksamkeit zu schenken. Statt mit dem Ofenrohr ins Gebirg´ zu schauen, weil ein anderer Anbieter einen kleinen Schritt voraus war, machen Sie das Geschäft sicher lieber selbst. Das gelingt jenen Freien einfach häufiger, die mehr Kontaktpunkte je Interessent setzen, indem Sie das Telefon verstärkt einsetzen …

Das eine tun, ohne das andere zu lassen: Natürlich gibt es Gelegenheiten, die Sie nutzen, einen persönlichen Termin anzustreben. Dazu gehören etwa:

- Sie sind in der Region eines weit entfernten potenziellen Kunden unterwegs, sei es für einen Business oder auch privaten Termin. Dann liegt es nahe, einen weiteren Besuch anzuhängen und die aufwendige Reise zu effizieren.
- Sie planen, eine Messe oder einen Kongress zu besuchen und ahnen, dass ein von Ihnen als wichtig eingestufter Kontakt ebenfalls dort sein wird – sprechen Sie ihn darauf an!
- Ihr Kontakt informiert Sie darüber, dass er selbst dann und dann „in Ihrer Nähe“ sein wird und die Gelegenheit gerne nutzen möchte, Sie „persönlich kennen zu lernen“ oder mit Ihnen zusammen „einige offene Punkte persönlich zu besprechen, was besser gehe, wenn man mit einander am Tisch sitze“. Nun hält sich Ihr eigener Zeitaufwand in geringem Rahmen, Sie haben ein Heimspiel und sind sicherlich flexibler als wenn Sie sich selbst auf den Weg machen müssten.
- Im Rahmen einer Reise können Sie ein Treffen an einem Ort einplanen, der für Sie nur einen Aufenthalt bedeutet, ohne Umweg.

Welches sind Kritische Erfolgsfaktoren für den Telefoneinsatz? Praxis-Tipps für Sie:

- Telefonzeiten 1: Nutzen Sie die Chance für den Kontakt in Leerzeiten – etwa Projektpausen, vom Hotel aus, auf der Reise. Beachten Sie Besonderheiten, etwa Handwerker nur morgens und abends oder Praxiszeiten von Ärzten, Meeting-Hochtage gerade in größeren Unternehmen (Montag Vormittag) oder nutzen Sie den eher ruhigen Freitag Nachmittag, an denen Führungskräfte häufig „allein zuhaus´“ sind. Tipp bei Neukontakten, deren Nebenstelle Ihnen fehlt: Wählen Sie irgendeine Nebenstelle, wenn die zentrale -0 bereits auf Band geschaltet ist – meist erreichen Sie spätestens beim zweiten oder dritten Versuch eine Person, die Sie nach der richtigen Nebenstelle von

Herrn ABC fragen können („Ooh, ich dachte, ich erreiche Herrn ABC – das ist nicht sein Anschluss?! Da ist was falsch! Sagen Sie mir bitte die seine?!“)

- Telefonzeiten 2: Strukturieren Sie – siehe das Beispiel des Internet-Beraters auf Seite 37 f., der sich jeweils zwei Halbtag pro Woche vornimmt, die variabel sein können. Wichtig ist, überhaupt eine Struktur zu finden und diese durchzuhalten!
- Vorbereitung „ist die halbe Miete“: Die Kennenlern-Phase lässt sich heute gut auf andere Medien verlagern, etwa via Xing-Kontakt oder eine Vorab-Mail mit Link auf Ihre Website. Dazu finden Sie eine Menge Anregungen in den anderen Erfolgsgesetzen! Allerdings empfehle ich auch dafür gelegentliches Kurz-Telefonat, bevor Sie Schriftliches schicken, siehe unten „Call-mail-call“.
- Einstieg ins Gespräch mit UHF: Beantworten Sie möglichst viele „Unausgesprochene Hörerfragen“, ein Konzept, das ich von Prof. Siegfried Vögele´s „unausgesprochenen Leserfragen“ in der schriftlichen Direktwerbung adaptiert habe, dem Guru des Dialogmarketing. Gemeint ist damit, wenn Sie eine Person erstmalig per Telefon kontaktieren, laufen im Gehirn unbewusste Prozesse ab: Wer ruft da an? Was will er? Wieso ausgerechnet von mir? Will mir der was verkaufen? Kenne ich den? Von wo ruft der an? Undsoweiter… Deshalb empfiehlt es sich, in den Meldetext möglichst viele Antworten zu packen. Sie befürchten, das könnte zu lang werden? Versuchen wir es einmal: „Guten Tag, ich bin Hanspeter Reiter, Marketingberater aus der Münchner Region. Ich sollte mit Ihrem Geschäftsführer sprechen – oder wer sonst ist verantwortlich, wenn es um Ihr Marketing-Budget geht?“ („Ich beziehe mich auf die Veröffentlichung in der ABC-Zeitung Ihres Herrn XYZ vom letzten Mittwoch.“) Formulieren Sie am besten gleich Ihren Kurzeinstieg, mit Vorname, Firmierung, Ort – und dem Thema des Gesprächs!
- Fragen – fragen – fragen: Ja, denn so bringen Sie Ihren Ansprechpartner ins Gespräch, es entsteht ein Dialog. Und Sie erfahren innerhalb kürzester Zeit eine Menge über den anderen! Fragen Sie öffnend, dann gibt es Informationen – diese Fragen werden auch W-Fragen genannt: Wer? Wo? Wann? Aus welchem Grund? Wie? Welche? Mit schließenden Fragen bitten Sie um einen Entscheid („Klingt das interessant für Sie?“) oder halten den Kontakt („Habe ich Sie richtig verstanden- Sie meinen also …?!“). Vermeiden Sie Suggestivfragen („Sie sind doch sicher auch der Meinung wie die meisten Ihrer Branchenkollegen, dass …?!“). Damit kriegen Sie vielleicht die gewünschte Antwort, doch bleibt ein schaler Nachgeschmack. Und Sie möchten doch eine dauerhafte Kundenbeziehen aufbauen, oder? ☺
- Abschließend fürs nächste Mal die Tür öffnen: Zunächst fassen Sie das Gespräch und die Ergebnisse ihres Dialogs kurz zusammen und danken dafür. Dann folgt, wie es weiter gehen soll – auch bei einem „nein“ für dieses Mal: „Einverstanden, wenn ich mich bei Ihnen melde, Herr XYZ? Per Telefon ist ok – und wenn ich neue Informationen für Sie habe, die per E-Mail?“
- Nacharbeiten: Sie vereinbaren, auf welchen Wegen Sie das Telefonat begleiten. Das geschieht vielleicht schon während des Telefo-

nats via Internet, etwa mithilfe einer Software wie „Netviewer“ (siehe Seite 107) – oder danach per Mail-Anhang & Co.

- Ihre Stimme – wirken Sie so angenehm, dass Ihnen per Telefon eine Menge Sympathie zu“VLIEGT“, nämlich deshalb:

  Verständlich sprechen: Klare Aussprache, Dialekt nur andeuten (allerdings wirksamer als „Bühnensprache“, die manchmal gekünstelt wirken kann)
  Lautstärke: Mittel, also zu laut vermeiden wie auch zu leise. Übrigens wirkt leiser kompetenter…
  Intonation: Sprachmelodie hält Aufmerksamkeit, während zu monotones Sprechen einschläfernd wirken kann
  Emotional: Das Lächeln in der Stimme ist hörbar!! Ebenso Ihre Begeisterung, Ihre Überzeugung – etwa mithilfe der Intensität, die Sie hörbar hinein legen …
  Geschwindigkeit: Mittel – wer zu schnell spricht, riskiert ein Weghören des anderen. Eher langsam wirkt kompetenter! (Gleichen Sie Ihren „speed“ dem des Zuhörers an und nehmen Sie ihn dann durch Beschleunigen oder Verlangsamen mit. Das wird gelegentlich mit „Spiegeln“ und „Führen“ bezeichnet.)
  Tonhöhe: Mittel – zu hoch kann hektisch und unsicher wirken. Tiefere Tonlage wirkt angenehmer – auch Frauen sprechen höher oder tiefer!

Das ist deshalb so wichtig, weil Sie im Telefonat ausschließlich verbal rüber kommen und Sie auch Ihre (nonverbale) Körpersprache in die Stimme packen: Das „Wie“ trägt zu mehr als 80 Prozent zu Ihrer Wirkung bei, das „Was“ (also der Inhalt Ihrer Worte) vielleicht zu zwanzig Prozent. Vier Fünftel wirken Sie per Stimme! Und dazu zählen übrigens auch die Pausen, die Sie setzen: So wirkt Gesprochenes stärker, weil Ihr Zuhörer genügend Zeit hat, Ihre Worte zu verarbeiten!

- Ihre Sprache: Natürlich ist letztlich der Inhalt des Gesprochenen entscheidend. Denn wenn Sie Ihr Anliegen kaum formulieren können, wird der Gesprächspartner Sie wohl angenehm empfinden, dennoch kaum verstehen, was Sie von ihm wollen. Dies hilft dabei, Ihr „Was“ zu vermitteln:

  Sie-Sprache: Statt „ich möchte“ zum Beispiel „für Sie kann ich“
  Aktiv-Sprache: Statt „ist davon auszugehen“ besser „können Sie davon ausgehen“
  Kurze Sätze: Statt „Wenn das für Sie in Ordnung ist, schicke ich Ihnen gerne ausführliche Informationen zu, damit Sie sich dann in aller Ruhe damit beschäftigen können, weil Sie nur so im Detail den Überblick gewinnen, was wir alles zu bieten haben, um dann zu entscheiden.“ ‡ „Vorschlag, Herr XYZ: Ich schicken Ihnen die Infos zum Thema. Dann haben Sie in aller Ruhe Zeit, sich damit zu befassen. Auf diese Weise gewinnen Sie einen umfassenden Überblick. Ein Entscheid fällt dann viel leichter. Ist das für Sie so in Ordnung?“
  Vermeiden Sie „F-Sprache“ – das steht hier für: Floskeln, Füll-, Fach-, Fremdwörter. Wobei Fachwörter manches Mal ein Ausweis für Ihre Kompetenz sind: Setzen Sie sie gezielt dort im Gespräch ein, wo Sie bewusst einen Sinn darin sehen!

Special crucial moment: Halten Sie Vereinbartes ein! Dazu fällt mir folgende Geschichte ein: Mit einem freien Anzeigenberater aus der Schweiz verabredete ich mich für einen konkreten Termin auf der Züricher Messe Personal Swiss, die ich besuchen wollte. Unsere telefonische Absprache bestätigte ich (!) ihm per E-Mail, in der ich ihm nochmals schriftlich meine Handy-Nummer notierte. Vorherige Mail-Kontakte liefern reibungslos – doch dieses Mal las ich eine Stunde vor dem Termin beim Mail-Check via Blackberry: Er habe, sorry, meine Mail erst jetzt gesehen – habe vorher also keine Handy-Nummer von mir gehabt, und jetzt klappe es halt doch nicht. Hmm, er wollte mir was verkaufen, ich hatte Bücher von mir „mitgeschleppt", die er hatte haben wollen – und nun? Sie können sich wahrscheinlich vorstellen, wie ich mich fühlte. Und welche Chancen hatte er nun noch? – Übrigens wunderte mich dieses Erlebnis auch deshalb sehr, weil vorher zwei terminierte Telefonate exakt auf die Minute geklappt hatten …

And the winner is – CMC! Call-Mail-Call meint …

1. Im ersten Schritt per Telefon („call")einen Kontakt zu qualifizieren, im Dialog mit dem passenden Gesprächspartner Details zu klären und so zielgerichtet den möglichen Bedarf zu fokussieren. Das weitere Vorgehen ist geklärt, ein Nachfolge-Telefonat angekündigt.
2. Danach schriftlich („mail" = Brief oder E-Mail) den vorqualifizierten Kontakten das zu schicken, was Sie angekündigt haben – und erneut auf das Nachfolge-Telefonat verweisen.
3. Das Nachfass-Telefonat („call") konsequent anschließen – und noch was Besonders in petto haben, zum Beispiel weitere Informationen, einen Fachartikel von Ihnen, Einladungs-Ticket zur Messe …

Diese Vorgehensweisen gelten für alle Ihre Telefonkontakte:

- für bestehende Kunden: Sie erhöhen die Kundenbindung und gewinnen zusätzliche Aufträge, die Ihnen sonst vielleicht entgehen: Ist der Entscheider eine andere Person als jene, die Sie im Einsatz treffen?
- für ehemalige Kunden: Reaktivieren Sie jene Kontakte, die früher Ihre Leistung gekauft haben. Klären Sie, was sich ändern müsste, damit Sie wieder ins Geschäft kommen.
- für Ihre Interessenten: Qualifizieren Sie das Interesse, bevor Sie aus Web- oder Messe-Anfragen aufwendige Fortsetzungen anstoßen!
- für Neukunden – sei es das Klären von Auftragsdetails, sei es das Abstimmen inhaltlicher Natur.

Für Ihre Akquise einfach so nebenbei per Telefon bietet sich ein Mix aus Bestands- und Neukunden im business-to-business an. Ich erinnere das Beispiel eines Versicherungsmaklers, der bewusst abwechselnd mit bestehenden und mit potenziellen Betriebs-Neukunden telefoniert. Auf diese Weise vermeidet er, viele Nein-Erlebnisse in Folge zu haben, was bei reiner „Kaltaquise" natürlich passieren könnte. – Eine Variante dazu ist das Outsourcen von Telefonaktionen:

Jedem das Seine: Outsourcen! Lassen Sie Andere für sich agieren.

Sie erinnern den Aspekt Zeitgewinn durch Prioritäten setzen (… durch Selbst- und Zeitmanagement)? Nun, Konzentration aufs Wesentliche – „dringend“ und „kann nur von mir selbst erledigt werden“ - heißt auch, sich auf seine Kernkompetenzen zu besinnen. Wenn Sie Vertriebstrainer oder –berater sind, liegt Ihnen Akquise sozusagen „im Blut“; viele andere Themen lassen weniger vermuten, dass der Externe auch vertriebsstark ist, etwa als IT-Programmierer, Werbegrafiker oder Werbetexter. Andererseits gibt es Menschen, die genau dies gerne tun: Kontakt zu potenziellen Käufern herstellen und vielleicht sogar Kontrakte daraus machen. Was halten Sie davon, diese Personen einzusetzen, als Einzelkämpfer (wie Sie ja auch) oder als Dienstleistungsunternehmen, das viele Auftraggeber bedient, wie das etwa Call-Center oder Miet-Außendienste tun:

- ProCoach in Stuttgart inseriert regelmäßig in der Frankfurter Allgemeinen Sonntagszeitung und sucht Vertriebsmanager, die vor allem als Key-accounter eingesetzt werden sollen. Ein Beispiel für zweierlei Chancen, die Sie ergreifen können: Sie nutzen die Vertriebskraft eines solchen Dienstleisters, vielleicht ja in Kooperation mit Kollegen (siehe Outsourcen …) wenn Sie als Einzelkämpfer zu klein sind, um für den Dienstleister lukrativ zu sein. Oder Sie werden selbst Teil dieses Vertriebssystems, wenn Sie als Vermittler unterwegs sind. Die Website von Horst L. Büttner als Beispiel ist www.procoach.de.
- Gerade kleinere Call-Center bieten ihre Dienste als Terminierer an: Sie koordinieren diverse Auftraggeber und füllen so die Zeiten ihrer Telefonkräfte sinnvoll: Ist die Zielperson für Sie gerade nicht erreichbar, führt der Agent ein Gespräch mit der Zielperson eines anderen Anbieters. Manche Zielgruppen sind nur zu bestimmten Zeiten erreichbar, etwa Handwerker nur morgens vor 8:00 oder nach 19:00 – andere zu anderen Tageszeiten, so greifen mehrere Aktionen sinnvoll ineinander. Manches Mal lassen sich auch Aktionen mehrerer Anbieter in Richtung auf ein und die gleiche Zielgruppe koordinieren: Ist der Angerufene am Angebot von Anbieter B derzeit wenig interessiert, ist er vielleicht für das Ihre (Anbieter A) zu motivieren. Das natürlich nur nach vorheriger Absprache mit allen beteiligten Parteien.

Dass dieses Vorgehen „einfach so nebenbei“ funktioniert, ist der Ausgangspunkt dafür, überhaupt einen Dienstleister zu beauftragen: Der zeitliche Aufwand ist gering, er fällt vor allem in der Vorbereitungs- und der Briefingphase an – danach sind die anderen dran!

Dienstleister einsetzen – wie?

Zunächst überlegt ein Externer mit wenig Zeit und oder Lust, doch durchaus freiem Budget, für welchen Bereich der Akquise er Hilfe rufen möchte: Soll es der komplette Akquise-Prozess sein, also die Übergabe als Projekt, nachdem Zielgruppe und zu verkaufende Dienste definiert und im Detail gebrieft sind? Oder nur Teile, etwa das telefonische Qualifizieren von Kontakten und Vereinbaren von Terminen für eine Präsentation, die ein Externer wiederum selbst übernimmt? Welchen Umfang soll die externe Tätigkeit erreichen, welche Kontaktmengen in welchen Zeiträumen? Geht es um eine Aktion, die eine Messebeteiligung begleitet? Wünschen Sie zunächst einen Test, um die Leistung des Auftragnehmers besser einschätzen zu können?

Wie wird die Leistung honoriert? In aller Regel ist „je Kontakt" zu bezahlen – aber auch Zeitvereinbarungen sind üblich, also „pro Stunde". Für reine Akquise-Leistungen sind durchaus auch Erfolgshonorare möglich. Wägen Sie ab, welche Chancen Sie sehen: Fixbeträge sind klar zu kalkulieren – mit höherem Risiko bei wenig Erfolg. „Zahlung bei Erfolg" entfällt, wenn nichts „bei rum kommt". Dafür wird diese Erfolgsprovision im Verhältnis höher angesetzt sein, weil der Auftragnehmer ins Risiko geht. Vereinbaren Sie jedenfalls einen Testzeitraum, damit beide Seiten beobachten können, wie sich eine Aktion entwickelt – und eingreifen, positive Veränderungen zu schaffen.

Schließen Sie klare Vereinbarungen, am besten einen Dienstleistungsvertrag: Welche Leistung wird vereinbart, wie ist sie zu erbringen, wer übernimmt was (Auftragsbestätigung zum Beispiel). Das gilt auch bei Terminvereinbarungen.

Kooperation/Gruppe: einer für alle

Wir sind ja im Kreis der Einzelkämpfer oder Kleinteams unterwegs: Für das dafür erforderliche quantitative Gerüst kommt selten ein klassischer Dienstleister infrage. Es sei denn, Sie schließen sich mit anderen zusammen, die grundsätzlich das gleiche Ziel wie Sie verfolgen: Aufträge generieren, mit externer Hilfe. Betrachten wir einige Möglichkeiten:

- Nicht konkurrierende Anbieter kooperieren: Thema ist anders, die Region eine andere, die Zielgruppe differenziert.
- Im Falle gleicher Leistung, also im Grunde konkurrierend: differenziert in Zielgruppe und/oder Region.

Wie ist das konkret vorstellbar? Ein Akquise-Dienstleister arbeitet an einem Pool zugleich für Anbieter A, B und C: Die Zielgruppe N.N. ist ähnlich interessant für einen Trainer A, der Workshops in SAP durchführt – für einen Berater B, der darauf zielt, Aufträge für SAP-Mietverträge zu erhalten – und für einen Freelancer C, der SAP-Wartung anbietet. In diesem Fall liegt die Kunst des Akquisiteurs darin, möglichst rasch den Bedarf eines Kontakts zu erfragen: Kommt eher die Leistung von A, B oder C infrage, wen bringt er ins Spiel?

„Frau Niedermaier, Sie haben gesagt, grundsätzlich würden Sie gerne etwas für Ihre Führungskräfte tun. Immer mal angenommen, Sie stehen vor der Entscheidung, ein vorgegebenes Budget zu investieren – denken Sie dann eher an eine Trainingsmaßnahme, also zum Beispiel einen Workshop? Oder eher an eine kontinuierliche Beratung – oder würden Sie wahrscheinlich ein Projekt aufsetzen, mit einem externen Projektleiter?"

Honoriert werden sollte der Akquisiteur anteilig von den drei Beteiligten, je nach Erfolg; auch vereinbarte Fixhonorare sollten entsprechend verteilt werden. – Einfacher ist die Situation bei Anbietern gleicher Leistung, also zum Beispiel Trainer X, Y und Z sind jeweils mit Seminaren zur Teamentwicklung unterwegs – der eine im Norden, der zweite in der Mitte, der dritte im Süden Deutschlands. Oder X für Handwerk, Y für mittelständische Industrie, Z für Freiberufler. Hier hat der Akquisiteur darauf zu achten, den eingesetzten Kontakt-Pool fair vereilt zu bearbeiten – oder nach abgesprochenen Anteilen, wenn etwa X und Z mehr Aufträge bräuchten als der eh schon gut ausgelastete Y. Wie das im Einzelnen abzulaufen hätte, siehe CRM, So vermeiden Sie Auftragslöcher ...

Ein mir bekannter Vertriebstrainer (!) hat für sich nach unterschiedlichen Versuchen folgende Lösung gefunden, mit der er sehr gut leben kann: „Das läuft einerseits über meinen Kooperationspartner www.mwteam.com und eine Telefonistin aus meiner Region für meine eigenen Projekte."

Aus Outsourcing wird Insourcing

Mancher Externe zögert, umfassende Aufgaben wie die Akquise nach außen zu geben, obwohl sie ihm weniger liegt. Nun, hier gibt es die Lösung klassischer Delegation: Sie haben Mitarbeiter dafür, die Ihnen intern bestimmte Aufgaben abnehmen. Das können Routinetätigkeiten sein, die Sie von Wichtigem abhalten, siehe Akquise. Wenn Sie Derartiges von Anderen machen lassen, die das zudem besser können als Sie selbst, gewinnen Sie Zeit – eine Variante. Die andere Variante ist, konkret „Akquise" an kompetente Mitarbeiter zu delegieren:

- wenn Zeit Ihr Engpass ist, investieren Sie Geld und lassen einen Vertriebs-Assistenten ran – ans Telefon, an die Standbetreuung auf der Messe, zu Kundenbesuchen.
- Wenn Geld der Engpass ist, dann investieren Sie Zeit – und beschäftigen Praktikanten oder bilden aus, je nach dem, was Ihr Berufsbild hergibt. Das bedeutet, diesen preiswerten Mitarbeitern bieten Sie Gelegenheit, Ihre Tätigkeit mehr oder weniger intensiv kennen zu lernen, sich darin aus- oder weiterzubilden. Dazu gehört, dass diese Person Akquise-Aufgaben für Sie übernimmt.

Aus dem Trainingsbereich kenne ich einige Kollegen, die sich Büro und Mitarbeiter leisten, nach unterschiedlichen Modellen: Iris Haag arbeitet mit mehreren Assistenten, die sich Administration, Akquisition und Trainingsbegleitung teilen. So kann sie sich auf ihre Kernkompetenz konzentrieren und diese voll ausleben: „Selbst-PR" (www.irishaag.de). Christine Köppel ist als Train-the-trainer unterwegs und parallel als Beraterin tätig; sie setzt auf Teilzeitkräfte (www.koeppel-akademie.de). Viele Freelancer arbeiten mit dem (Ehe-) Partner zusammen und teilen sich die Aufgaben. So werden manche Elternteile während der Erziehungszeit von Zuhause aus per Telefon aktiv, dem anderen Elternteil weitere Kunden und Aufträge zu akquirieren. Eine Aufgabenteilung, wie Sie sie bestimmt auch für Bürobetreuung, Buchhaltung usw. kennen – also auch für den Vertrieb! – Zusatzeffekt für Sie: Sie gewinnen ein Korrektiv für Ihre Tätigkeit!

Hier finden Sie ein weiteres Beispiel für konkrete mögliche Kontakte: Daniela Wegener bietet neben Büro-Dienstleistungen auch „Akquise/Kundenbetreuung": „Der Markt erfordert, dass man sich immer wieder auf die Nachfrage einstellt. Hierbei ist es dann notwendig, einen neuen Kundenkreis zu finden oder den vorhandenen Kundenstamm über die neuen Ideen zu informieren. Mit Internetrecherchen, Telefonakquise oder langfristige Betreuung von Kunden kann ich Sie unterstützen!" Und fordert dann zur Handlung auf: „Testen Sie mich! … Jede Vereinbarung ist individuell. Rufen Sie mich an. Ich berate Sie gern." Schauen Sie selbst auf *www.daniela-wegener.de*.

Wo und wie suchen Sie nach derlei möglichen Auftragnehmern?

- Xing und andere Plattformen: Profil „ich biete …"; Foren, etwa Freiberufler-Projektmarkt
- Verbände, etwa Call-Center-Forum (www.callcenterforum.de), die Anfragen an Mitglieder weiterleiten
- Verbands-Website, auf denen sich Mitglieder darstellen – siehe „Mitglieder-Links" auf www.gabal.de
- Natürlich klassische „Stellengesuche" in Tages- oder Wochenzeitungen oder auf Stellenangebots-Websites beziehungsweise Online-Plattformen
- … und die klassischen Einträge in Verzeichnissen, siehe Gelbe Seiten und ähnliche, als Print- oder Online-Ausgaben.

Aufgaben auf Schultern mehrerer Externer verteilen – wie geht das?

Weiter oben hatten wir die Variante, dass sich mehrere Trainer, Berater, Freiberufler eine Person oder eine Team teilen, um so die Investition überschaubar zu halten und zugleich eine sinnvolle Auslastung für den Dienstleister zu erreichen. Sie finden auch „Outsourcing wird Insourcing" – und wenn Sie beide Aspekte vereinen, wird ein neuer Schuh daraus:

- ein Externer ist im Bereich EDV tätig – und übernimmt im Akquise-Prozess das Aufbereiten vorhandener und potenzieller Zieladressen
- ein Externer hat als Trainer mit dem Thema „Kommunikation" zu tun – und zieht sich den Schuh „Telefonkontakt" an, mit Qualifizieren des Kontakts, Identifizieren der relevanten Person(en) und Terminieren eines Besuchs, wo sich das als sinnvoll und Ziel führend erweist
- ein Externer ist als Handelsvertreter der typische Verkäufer; sein Part wird das Wahrnehmen persönlicher Besuche nach Terminvereinbarung.

Alle drei haben in ihrer jeweiligen Akquise-Funktion die Leistungen auch der beiden anderen Beteiligten vor Augen. Voraussetzung dafür ist auch in diesem Fall, dass sich die drei ergänzen oder zumindest nicht unmittelbar konkurrieren; räumlich sollten sie in der gleichen Region tätig sein – und natürlich wechselseitig über das Business der anderen Bescheid wissen. Klar abzusprechen ist, wie welche Provisionen unter einander verrechnet werden, damit ein fairer Ausgleich zwischen Aufwand und Erfolg entsteht: Vielleicht hat einer der drei besonders gute Akquise-Erfolge für die beiden anderen, profitiert umgekehrt aber kaum. Dann verdient er zumindest gut an den Aufträgen der anderen mit! – Mit wem zusammen könnten Sie eine solche „informelle Akquise-Crew" bilden?

Professionelle Netzwerke: Vermittler einschalten

Das kann eine Frage des Geldes sein (Portale) oder eine der „action": Schaffen Sie Effekte via Xing, Google & Co, indem Sie in Community-

Gruppen aktiv dabei sind; darüber finden Sie mehr in Entdecken und entdecken lassen. Als Premium-Mitglied bei Xing und anderen Business-Portalen zahlen Sie zumindest eine Monats- oder Jahresgebühr.

Die sind bei Seminar-Portalen oder Freelancer-Vermittlern deutlich höher und abhängig vom Umfang: Fürs Einstellen eines Profils, konkreter Angebote oder Veranstaltungen. Hier ist schwer zu raten: Befragen Sie am besten dort vertretene Kollegen und Bekannte zu deren Erfahrungen. Suchen Sie bei Google & Co. nach „Vermittlung" und Ihrem passenden Wort, sei es „Trainer", „Berater", „Interim Manager" und eventuell auch einer konkreten Branche (IT, SAP, Finanz ...) und/oder Funktionalität (Programmierung, Grafik, Text ...). Nutzen Sie diese – ähnlich wie Stellenportale à la www.experteer.de oder www.monster.de – möglichst nur flankierend: Schwer zu sagen, wann Angebote welcher Qualität kommen.

Ein Beispiel für den IT-Bereich ist www.10projects.de, die sich als „the project community" anpreisen und versprechen: „Bühne frei für IT-Projekt-Profis!" Mitglieder haben zum Beispiel diese Möglichkeiten:

- „Präsentieren Sie Ihre Projekte
- Tauschen Sie gezielt Projekterfahrungen aus
- Bilden Sie interessante Projektgruppen
- Finden Sie Projekt-Dienstleister und bewerten Sie diese
- Holen Sie sich Know-how von Projekt-Profis
- Knüpfen Sie hoch interessante Kontakte."

Nikolaus Reuter vom IT-Dienstleistungs-Vermittler Entego wird in der Frankfurter Allgemeinen Sonntagszeitung vom 21./22. März 2009 offen zitiert mit „10 Prozent auf alles", während etablierte Vermittler heimlich 25 bis 30 Prozent nähmen, „ohne dass der Vermittelte davon Kenntnis habe." Auch ich kenne noch die Marge von 30 Prozent aus dem Vermittlungsgeschäft von Interim Managern, also Managern auf Zeit. Bekannt war das allerdings allen Beteiligten, so sollte das auch sein!

Kollegen aktiv einbinden

Machen Sie das konkrete Angebot einer Provision im Falle der „Vermittlung" eine Provision zu bezahlen. Einmalig für den Erstauftrag oder auch für das Volumen etwa von zwei Jahren:

- Für reine Tipps sind Sätze von fünf bis zehn Prozent üblich
- Ist aktives Ansprechen eingebunden, in welcher Form auch immer, sollten es zehn bis fünfzehn Prozent sein
- Kalkulieren Sie fünfzehn Prozent und mehr, wenn jemand richtig akquisitorisch für Sie tätig wird.

Zitat aus der Mail einer Kollegin, die im Trainer-the-Trainer-Bereich unterwegs ist: *„Vielen Dank, meine Lieben! Und wenn Aufträge daraus werden, gibt's natürlich die besprochene Provision!!"*.

Sagen Sie es allen!

Wer sich scheut, dies zu tun, ist selber schuld! Xing und andere Netzwerke bieten mehrfach die Chance, sich zu „outen":

1. Beim Profil direkt: Benennen Sie die Gründe, warum Sie dabei sind
2. Bei der Statusmeldung: „... ist offen für Projektanfragen" ist üblich
3. In den Gruppen: Nutzen Sie die Chance, in den verschiedenen Foren Beiträge zu posten, etwa unter Vorstellung, Termine, besondere Angebote.

Wie sieht Ihr Profil auf Xing aus? Ich setze voraus, Sie haben eines (siehe auch ...) – dann machen Sie jetzt sofort noch mehr daraus: Investieren Sie eine halbe Stunde, um Ihr Profil, die Statusmeldung und Ihre Gruppenmitgliedschaft zu aktualisieren. Doch, doch – das geht durchaus, einfach so nebenbei!

Knüpfen Sie Ihr persönliches Angebots-Netzwerk!

Wie oft haben Sie persönlich – oder von einem Kollegen – schon etwas in dieser Art gehört: „Nun, Ihre Kompetenz hätten wir schon gerne eingebunden. Doch letztlich haben wir uns für die XYZ-Beratungsgesellschaft entschieden. Dort finden wir zu allen Teilaspekten des Projekts Know-how – und können zudem sicher sein, dass immer eine erfahrene Ersatzperson zur Verfügung steht, sollte mal jemand ausfallen!" Dumm gelaufen – was tun? Manche Externe haben die Konsequenz daraus gezogen und umgeben sich mit Kollegen, die sie auf die eine oder andere Weise kennen gelernt haben: Durch paralleles Arbeiten in einem Projekt, durch gemeinsam besuchte (Weiterbildungs-)Veranstaltungen, durch gemeinsame Ausbildung, als frühere Kollegen in Anstellung – jedenfalls wissen sie, dass man sich auf einander verlassen kann. Tatsächlich erwartet eine deutliche Mehrheit der vom BDU (Bund Deutscher Unternehmensberater e.V.) befragten „kleineren Beratungsgesellschaften" neue Chancen, siehe „Facts & Figures zum Beratermarkt 2008/2009", Seite 17: Der Aussage „...kleinere Marktteilnehmer werden durch Kooperationen und Netzwerke mit anderen Beratern auch bei größeren Beratungsprojekten zu einem stärkeren Wettbewerbsfaktor für große Beratungsunternehmen" stimmen 56 Prozent zu, gegenüber 22 Prozent ablehnenden Stimmen. *(www.bdu.de* – die Studie gibt es für 89 EURO.)

Was könnte das für Sie bedeuten?

- Welche flankierenden weiteren Kompetenzen werden relativ häufig im Rahmen Ihrer Projekte ebenfalls erwartet und anderweitig vergeben? Das könnte zum Beispiel sein: Steuerberatung zur Buchhaltung.
- Welche zusätzlichen Themen könnten Sie für Nachfrager interessant(er) machen als bisher, die Sie selbst nicht abdecken können? Das könnte zum Beispiel sein: Programmierung in einer Software, deren Anwendung Sie schulen.
- Welche anderen Externen kennen Sie und sind unter Ihren (näheren) Kontakten, die vielleicht sinnvoll an Ihr Angebot andocken könnten? Denken Sie zum Beispiel an Ihre eigenen Dienstleister, die Sie für sich einsetzen; Bekannte und Schulkameraden; Nachbarn und Kumpels; Kontakte aus Vereinen und Netzwerken ...

Fazit

Prüfen Sie erneut, was Sie selbst tun – oder besser (anderen über-)lassen sollten! Hören Sie gut zu, wie es anderen geht und behalten Sie Angebote im Archiv, die Sie erreichen, per E-Mail oder per Post, statt sie in den Papierkorb zu werfen: Wer weiß, wann Sie darauf zurück greifen möchten!

Delegieren macht es leichter!

Einige Monate sind vergangen, wieder trifft Anita Niedermair ihre Freundin Karina. Sie sitzen wieder an einem Sonntag im Stammcafé und plaudern. Ganz vorsichtig spricht Karina dann doch wieder das ungeliebte Thema an: „Ääh, sag mal – was ist denn aus dieser Akquise-Arie geworden?" Anita lacht ganz befreit: „Tja, du wirst es kaum glauben, da habe ich meinen Königsweg gefunden …". Aufatmend lauscht ihre Freundin, als sie berichtet, was sie angestoßen hat: „Weit davon entfernt, das Geld mit beiden Händen raus schmeißen zu wollen, kann ich mir doch leisten, meine vielen Kontakte zu aktualisieren. Das macht jetzt eine Ein-Frau-Agentur, an die ich mich nach unserem Gespräch erinnert hatte. Ich habe mit ihr vereinbart, eine bestimmte Zahl pro Woche durch zu telefonieren. Sie weiß, wonach sie zu fragen hat und berichtet mir einmal die Woche. Ziel ist es, dass Sie für mich von jeweils ungefähr vierzig realisierten Kontakten die vielleicht fünf oder sechs filtert, die aktuell überhaupt noch infrage kommen. Die rufe ich dann in der Folgewoche von unterwegs an – die möglichen Termine habe ich mit der Agentur-Frau vorher verabredet und sie stimmt die mit den Angerufenen ab. Wenn da einer die Woche drauf nicht passend kann, ruft sie später wieder an usw. Du wirst es kaum glauben, auf diese Weise habe ich zwei Folgeprojekte – und die Qualifizierungsanrufe erst einmal wieder gestoppt! Ja, ja ich weiß – wir haben schon vereinbart, wann sie die weiteren Kontakte anspricht, da bleibe ich jetzt dran!". Wie klingt das für Sie, lieber Leser?

Erfolgsgesetz 11: Gelassen loslassen können

Beispiel: Viele Kontakte sind was Herrliches!
Peter Brenner (Name geändert) hat ein gut gehendes Übersetzungsbüro – als Einmann-Betrieb: Er koordiniert die Leistung diverser Muttersprachler in vielen Ländern der Erde. Dabei schwankt er allerdings zwischen „himmelhoch jauchzend und zu Tode betrübt", weil ein ständiges Auf und Ab ihm doch manchmal Angst um die Zukunft macht. Doch er akquiriert, meint er jedenfalls. Immer dann, wenn er Zeit hat, weil Aufträge fehlen, telefoniert er einige seiner vielen angesammelten Kontakte durch: Frühere Kunden, Anfragen ohne Auftrag, Anzeigen von exportierenden Unternehmen und derlei mehr. Häufig kommt am Ende des Tages wenig heraus und er hechelt sich irgendwie bis zum nächsten Projekt durch. Schade, denkt er, jetzt habe ich so viele Kontakte – und erwische kaum mal den richtigen Moment, sie anzusprechen: Wenn Bedarf da ist. Schließlich sieht er Licht am Ende des Tunnels: Sein Bruder wird arbeitslos und bietet ihm an, zu telefonieren. Das bedeutet, Peter Brenner kann sich auf seine Projektkoordination konzentrieren und überlässt seinem Bruder Paul die Akquise. Doch neue Aufträge lassen auf sich warten ...

Die Stecknadel im Heuhaufen finden ...

... ist das geflügelte Wort zu der hier geschilderten Situation: Eine Fülle von Kontakten ist vorhanden, doch welche davon sprechen Sie jetzt an? Ein Newsletter alle zwei Monate hilft schon, zur dem Kunden passenden Zeit die Spreu vom Weizen zu treffen: Wer hat reagiert, mit Dank oder einer Frage nach Details – wer nicht? Die Reagierer sind die ersten, die Sie per Telefon oder E-Mail ansprechen werden ...

Wieso soll das nun nebenbei funktionieren? Gehen Sie einige mögliche Wege durch:

Hartnäckigkeit hat ihre Grenzen – Verzicht auf die eine oder andere Hängepartie

Kontakte zu gewinnen, ist meist mit viel Arbeit verbunden. Deshalb tendieren wir alle dazu, einmal gewonnene Interessenten an der kurzen Leine zu halten: Da muss doch ein Auftrag draus zu machen sein!! Wenn Sie sich dann schwer tun, Zeit für die Akquise frei zu klopfen, stoßen Sie rasch an Ihre Kapazitäts-Grenzen: Nur ein (mehr oder weniger kleiner) Teil Ihrer Kontakte erhält die Aufmerksamkeit und Wertschätzung, die ihnen zustünden. Tja, erwischen Sie dann zufällig die richtigen, bei denen jetzt der Moment gekommen ist, einen Auftrag auszulösen? Oder verstricken Sie sich in Verhandlungen mit Kontakten, bei denen letztlich rein gar nichts raus kommt, vorläufig jedenfalls? Auch das kennen Sie: Nette Menschen, mit denen Sie schon seit Jahren im Gespräch sind; man trifft sich immer mal, auf der Messe hier, bei anderer Gelegenheit dort – doch ein Auftrag will und will nicht kommen!

Das erinnert mich an die Geschichte vom Lexikonvertreter, erlebt beim wöchentlichen Team-Meeting am Samstag, nach mehr oder weniger erfolgreicher Arbeitswoche: Spätestens beim Bier ging das Geflaxe los: „Na, hast wieder eine Menge Termine geschafft, Bernd?" „Na klar, jeden Tag vier oder fünf! Überall habe ich Kaffee bekommen, auch Kuchen..." „Logo, Bernd, der Frauenheld, der Tröster einsamer Frauenherzen! Und wie viele Aufträge?!" „Ääh, Aufträge – ja, ääh...". Hmm, eine gewissen Zielorientiertheit sollte sein, und dann möglichst auch noch die gewollten Ziele: Termine alleine ist zu wenig, Aufträge sind gefragt. Und das kann auch bedeuten, auf den einen oder anderen Kontakt zu verzichten, wenn er sich anfangs auch noch so gut angelassen hatte. Prüfen Sie immer wieder, welche Kontakte Sie „schließen" sollten, dazu haben Sie ja Ihr CRM-System, siehe So vermeiden Sie Auftragslöcher ...

Konzentration aufs Wesentliche

Vom Pareto-Prinzip haben Sie bestimmt schon gehört: Die zentrale Aussage dieses italienischen Mathematikers war Ende des 19. Jahrhunderts, dass immer etwa 20 Prozent eines Prozesses für 80 Prozent des Ergebnisses verantwortlich seien – und damit die restlichen 80 Prozent des Prozesses nur mehr ein Ergebnis von 20 Prozent des Gesamten bringen. Häufig stimmt tatsächlich, dass Externe mit nur einem Fünftel der Kunden den weitaus meisten Umsatz machen und der große Rest eher „Kleckerles" bringt. Die Konsequenz dieser Aussage liegt ganz bei Ihnen:

- Sie verabschieden sich von den Kleinkunden, die viel Aufwand verursachen und wenig Ergebnis bringen. Das bedeutet, Sie verzichten auf (zum Beispiel) 20 Prozent Ihres Umsatzes, kümmern sich aber um nur noch 20 Prozent Ihrer Kunden: Der „Overhead" wird deutlich geringer, weil die Betreuung eines Kunden immer ähnlich viel Aufwand bedeutet, egal, wie viel Umsatz er bringt.
- Sie analysieren die 80 Prozent aufwendigen Kunden und prüfen, bei welchen eventuell mehr Umsätze möglich wären. Das bedeutet, mit ähnlichem Aufwand wie bisher beim selben Kunden mehr Ergebnis erwirtschaften.
- Sie behalten 100 Prozent Kunden bei, reduzieren jedoch den Aufwand bei den schwächeren Kunden deutlich, also bei B- und C-Kunden (siehe CRM, So vermeiden Sie Auftragslöcher ...). Wie kann das gehen? Indem Sie zum Beispiel Quartalsrechnungen in der Mitte von drei Monaten schreiben statt dies monatlich zu tun. Oder Sie pauschalieren vereinbarten Kostenausgleich und vermeiden so aufwendige Aufstellungen. Das hat weitere Konsequenzen: Ihre eigene Buchhhaltung wird besser überschaubar, weil weniger Belege und Buchungen anfallen: Für Sie weniger Zeitaufwand, für den Steuerberater dito, also sinken Ihre Kosten.

Dieses Pareto-Prinzip übertragen Sie auch auf Ihre Kernkompetenzen: Welche wieder kehrenden Aufgaben, Präsentationen, Seminarformate lassen sich so anlegen, dass sie mit geringen Änderungen und Anpassungen wieder verwendbar sind? Das spart Zeit und häufig auch Unterlagen! Denn auch hierfür gilt? Mit nur 20 Prozent (oder vielleicht 30 Prozent) des Aufwandes decken Sie 80 Prozent (oder vielleicht 70 Prozent) Ihres Einsatzes ab. Fortsetzung folgt: Das entdeckte Einspar-Potenzial übertragen Sie auch auf die 20 Prozent-Situationen: Wenn Sie bei Kleinkunden nur noch einmal in drei Monaten eine Rechnung stellen – nämlich immer in der Quartalsmitte, also cirka am 15. Februar, 15. Mai, 15. August, 15. November, damit Sie etwa gleich lange aufs Geld warten wie früher auch! -, stellen Sie große Dauerkunden auf monatliche Pauschal-Vorabzahlungen um, für die es einmal im Quartal eines Ausgleichsabrechnung gibt. Das spart übrigens auch Ihren Kunden Einiges an Aufwand, voila!

Gewinnen Sie Zeit

Ob im Projekt, in der Beratung, in Seminaren: Häufig entsteht Zeitenge, aus der mangelnde Ergebnisse resultieren. Schade, war das wirklich nötig? Der Auftraggeber ist ähnlich unzufrieden wie Sie, weil entweder weniger heraus kommt als beabsichtigt oder zusätzlicher Aufwand an Zeit und Geld erforderlich wird, das Ergebnis doch noch zu schaffen. Vielleicht müssen Sie „drauf legen“, weil Sie unentgeltlich nachholen müssen, was längst hätte erledigt sein sollen ... Vorschlag: Nutzen Sie die gemeinsame Zeit mit Projektkollegen oder Teilnehmern dafür, auf gemeinsamer Basis Neues zu entwickeln. Das bedeutet, Sie müssen dafür sorgen, dass weniger präsentiert und mehr diskutiert und verabschiedet wird. Prüfen Sie kritisch Ihre Meetings: Wie viel Zeit vergeht für Präsentation, wie viel bleibt für den Austausch. Weiter führend gefragt: Wie viel Zeit könnte gespart werden, indem die Teilnehmer einer Runde im Vorfeld des Treffens Unterlagen vorbereitet verschickt und erhält und wohl vorbereitet zum Treffen mitbringt? Ich selbst schätze, dass ein Weiterbildungsverband mindestens 25 Prozent gewinnen konnte, weil aufgrund meiner Anregung die Berichte der Vizepräsidenten im Vorfeld der Mitgliederversammlung den Teilnehmern bereits zur Verfügung gestellt war ...Was hat das mit Akquise zu tun?

- Sie benötigen weniger neue Aufträge, wenn Sie die vorhandenen in Minimalzeit erfüllen
- Sie erhalten mehr neue Aufträge von „alten“ Kunden, weil diese zufrieden(er) sind
- Sie werden häufiger weiter empfohlen, weil Ihre Kunden zufrieden sind
- Sie gewinnen leichter neue Kunden, weil Sie einen zusätzlichen USP zu bieten haben.

All das führt dazu, dass Sie über mehr Zeit verfügen und zugleich weniger investieren brauchen! Das kann auch bedeuten:

- Reisen vermeiden: Setzen Sie Telefonkonferenzen statt persönlicher Meetings ein. Begleiten Sie diese durch Tools im Internet, etwa einem Präsentationssystem à la Netviewer, mit dessen Hilfe Sie aus der Ferne auf dem Bildschirm anderer Betrachter das Gewünschte zeigen können (www.netviewer.com).

Hinterlassen Sie etwas

Lassen Sie „etwas“ zurück: Legen Sie Ihren Prospekt in die Zeitschrift ein, die Sie weiter geben – oder in der Bahn gelesen haben. Einen Prospekt, einen Artikel, der einfach auf dem Tisch in der Bahn liegen bleibt – oder im Café, im Hotel. Achten Sie dabei auf Ihre Zielgruppe: Wie groß ist die Chance, dass ein potenzieller Auftraggeber das Hinterlassene findet? Natürlich achten Sie auch auf den finanziellen Aufwand.

Gehen Sie „huckepack“!

Was tun die Anderen? Statt einfach zu kupfern, also 1:1 nachzumachen, was Kollegen und Konkurrenten tun, überlegen Sie, bei wem Sie mitmachen können: Geteilte Kosten, halbe Kosten!

Zum Beispiel sprechen ein Bürodienstleister mit EDV-Hardware und ein IT-Netzwerkadministrator weitest gehend die gleichen Zielgruppen an – und können das künftig zusammen tun: So wird aus „Abkupfern" ein „Vergolden" … Nehmen wir einmal an, ein potenzieller Partner macht Werbung mit Katalogen, Sie selbst verfügen über Flyer mit Ihrer Leistungsbeschreibung. Wenn Sie den gezielt per Post oder Verteilung an KMUs Ihrer Region weiter geben, kostet das entweder viel Geld oder viel eigene Zeit. Legen Sie Ihren Flyer stattdessen im Katalog bei und bieten dem Anderen die gleiche Chance bei Ihnen, wenn Sie zum Beispiel Ihre Kunden besuchen oder ein Blatt zum Anfordern eines Katalogs Ihrer Werbesendung beifügen. Das kostet nur das Werbemittel, keine extra Streukosten, wenn Sie Gewichtsgrenzen beachten. Bei Newslettern nehmen Sie im Tausch andere mit in Ihren Verteiler und umgekehrt: Voila!

Wichtig: Ob im klassischen Mailing („White-mail" per Post) oder im Newsletter, immer gilt: Versprechen Sie einen Mehrwert über das Gebotene hinaus, wenn der Leser (Nutzer) reagiert, zum Beispiel einen weiter führenden Text (White-paper, über Website muss man sich dafür registrieren, also seine Daten preisgeben), eine Schnupperstunde (Training, Beratung, …) oder Teilnahme an einer wertigen Verlosung. Dafür muss der Anfrager zum Beispiel einen Fragebogen ausfüllen, das kennen Sie von Magazinen und Zeitungen. Ein Beispiel ist die Lead-Generation durch ein Interview, wie sie für hochpreisige Dienstleistungen oder auch Investitionsgüter üblich war und ist:

- Sie versprechen eine Dankeschön-Geschenk fürs Antworten
- Sie fragen danach, was an relevanten Geräten im Einsatz ist oder wie Fragestellung ABC bisher gelöst wird
- Sie qualifizieren Rahmenbedingungen: wie häufig wird XYZ benötigt? Wie viel Budget steht für XYZ zur Verfügung?
- Sie stellen ein Schnupperangebot in den Raum: Wäre es interessant, Sie in der folgenden Form unverbindlich kennen zu lernen – nur bei Gefallen zu bezahlen – zum halben Preis zu testen?
- Sie qualifizieren den Kontakt, indem Sie umfassend Daten erbitten: Name, Funktion, Telefon, E-Mail-Adresse – und was Sie sonst so brauchen.

Auch das noch: Natürlich sollen Sie für solche Chancen ein geeignetes Werbemittel parat haben, einen Flyer, gedruckt wie als pdf für elektronischen Einsatz. Im Allgemeinen sollte der so aufgebaut sein:

- DinA4 (= Schreibmaschinenseite), 2 Seiten (Vorder- und Rückseite), gefalzt auf LangDin hoch oder quer, das ist das Standardformat per Post für günstigstes Porto
- DIN A5, zum Beispiel 4 Seiten, aus DIN A4 mittig gefalzt
- Dazu für Updates ein Einlegeblatt in passender Größe, also entweder LangDin = 1/3 Seite oder DIN A5 = _ Seite.

Ihre Texte sollten kurz sein, im „Sie-„Stil statt in der „Wir-„Sprache, positiv formuliert, bildhaft, mit prägnanten Aussagen in kurzen Textblöcken. Ergänzen Sie Bilder sinnvoll – Menschen vor Sachen, Kopf vor Gesamtkörper und vor Gruppen.

Achten Sie bei Farbe darauf, dass grün eher beruhigt, rot und gelb aufmerksam machen, blau Distanz schafft; doch geht es dann auch um die „Töne“ der Farbe: Passt grell zu Ihnen oder doch besser pastell? Dazu sagt Ihnen gegebenenfalls Ihr Werbeberater etwas!

Was sollten Sie umgehend tun, um Spuren legen zu können?

Fazit: Haben Sie Geduld …

… und halten Sie Kontakt! Im Sinne eines gelebten CRM (siehe So vermeiden Sie Auftragslöcher …) gehört es dazu, dass Sie Ihre Kontakte an der langen Leine führen. Wenn einer meiner Xing-Kontakte meine Anfrage akzeptiert und zugleich einschränkt, er behalte sich vor, den Kontakt spätestens nach einem halben Jahr wieder zu löschen, wenn bis dahin nichts geschehen sei, dann akzeptiere ich das natürlich: Er setzt sich ein halbes Jahr Frist – doch könnte er mich ja auch als „B“ beibehalten, oder? Zu betonen, er sei „weder Jäger noch Sammler“, empfinde ich als daneben: Jäger und/oder Sammler zu sein, ist für mich eine wichtige Voraussetzung, sinnvoll Netze zu knüpfen. In dem Sinne, immer (!) Ausschau zu halten nach potenziellen Mitmachern meines Netzwerks. Manche sehen sich dabei als Jäger, die eher aktiv sind – andere eher als Sammler, die aufnehmen, was sich am Wegrand ergibt. Beides sehr positiv gemeint! Dennoch war übrigens das angekündigte „Loslassen“ des zitierten Kontaktes für mich absolut in Ordnung …

… und bilden eine exzellente Basis zum Auswählen!

Die Brüder Peter und Paul Brenner haben im Laufe einiger Wochen den Königsweg für das Übersetzungsbüro gefunden: Konsequentes Durchtelefonieren hat dazu geführt, dass etwa die Hälfte der angesammelten Kontakte zu „Nixies“ geworden sind: Sie bleiben zwar gespeichert, werden jedoch so gekennzeichnet, dass sie bei künftigen Aktionen außen vor bleiben. Sollte der gleiche Kontakt zum Beispiel via Anzeige wieder auftauchen, wird er nicht neu angegangen. Die andere Hälfte ist nun qualifiziert und in einer Wiedervorlage terminiert. Dazu haben die Brüder im Laufe der Zeit durch Feedback von Paul und Vorgabe von Peter Brenner ein System entwickelt, immer die zwanzig Prozent der Adressen zu kontaktieren, die eine höhere Wahrscheinlichkeit für einen Auftrag bieten als die anderen achtzig Prozent: Pareto in Reinkultur!

Erfolgsgesetz 12: Sprengen Sie Grenzen!

Beispiel: Hat doch bisher auch geklappt?!
Michael Seitner (Name geändert) steht auf dem Absprung. Bis dato ist er Objektleiter eines Fachmediums und holt bezahlte Inhalte für seine Print- und Online-Medien an Land. Nebenbei verdient er gutes Geld durch PR- und Übersetzungsaufträge, die er – mit Erlaubnis des Arbeitgebers – freiberuflich ausführt. Nun verändert sein Verlag die grundsätzliche Politik, was das von ihm mit aufgebaute Geschäftsmodell ins Wanken bringt. Doch sich einfach zu verabschieden und künftig voll selbstständig im PR- und Anzeigengeschäft tätig zu sein, dazu fehlt ihm dann doch die Basis. Immerhin hat er eine junge Familie und ein Haus abzuzahlen ... Was tun?

Verändern Sie Ihren Blickwinkel!

Innovationen entstehen durch Einsatz von Kreativität – und wenn Sie den „Blick über den Tellerrand" wagen, gewinnen Sie neue Perspektiven. Da liegt es durchaus nahe, auch einmal über fernere Regionen nachzudenken: Dienstleistungsexport kennen Sie bisher vielleicht nur aufgrund von Aufträgen aus dem deutschsprachigen Ausland, also primär aus Österreich und somit innerhalb der Europäischen Union – oder vielleicht aus der Schweiz. Je nach Ihren Sprachkenntnissen und Ihren interkulturellen Umgangsformen kommen natürlich weitere Länder infrage:

Going international

„In die weite Welt zu gehen", schein eigentlich größeren Firmen vorbehalten. Wenn Sie als Beispiel den „Exportleitfaden Aus- und Weiterbildung" zur Hand nehmen, heraus gegeben von iMove und dem Bundesministerium für Bildung und Forschung, sind viele der dort aufgeführten Fragestellungen stark auf Unternehmen ausgerichtet. Was Sie an steuerlichen und Rechtsfragen berücksichtigen müssen, gilt jedoch entsprechend auch für Sie, wenn Sie als Einzelkämpfer aktiv sind: Suchen Sie sich einen Kooperationspartner vor Ort, wählen Sie den Weg des Franchising oder gehen gleich in ein langfristiges Dauerprojekt im Ausland, letztlich hängt das von Ihrer Situation ab. Je weiter weg Sie gehen, desto aufwendiger und komplizierter wird´s:

- näher liegend: D-A-CH – Sprache und Kultur sind sehr ähnlich, Genehmigungen verhältnismäßig leicht zu erhalten (siehe Dienstleistungsfreiheit)
- mit vielen Ähnlichkeiten: andere EU-Länder, inzwischen durch die Ausweitung nach Osteuropa mit neuen Chancen, doch auch mehr sprachlichen und kulturellen Herausforderungen
- für Globetrotter: andere Kontinente, je nach Fachgebiet, Thema und persönlichen Kenntnissen und Fertigkeiten individuell zu prüfen – siehe Visa, Aufenthaltsgenehmigungen und Arbeitserlaubnis.

Für viele Branchen und Berufe erhalten Sie von Ihrer IHK Broschüren und weiter führende Unterlagen, zum Beispiel für die „Exportbranche Aus- und Weiterbildung“ auch ein TrendBarometer von der bereits zitierten iMove zusammen mit dem FAZ-Institut. Quelle für beide Schriften: iMove beim Bundesinstitut für Berufsbildung BIBB, www.imove-germany.de. Für andere Branchen wenden Sie sich an Ihre örtliche Industrie- und Handelskammer, steht im Telefonbuch!

Wenn Sie ernsthaft an „Dauer-Export“ Ihrer Leistung denken, brauchen Sie dafür Vorlauf und eine Menge Vorbereitung. Wenn das „einfach so nebenbei“ laufen soll, folgen Sie den passenden Empfehlungen nach Uwe Sachs, Autor des genannten Exportleitfadens:

- Internationalisieren Sie nach außen und nach innen! Kann bedeuten, öffnen Sie sich für ausländische Nachfrager.
- Folgen Sie Ihren deutschen Kunden ins Ausland! Bingo, hier gilt wieder: Statt nach Neuem suchen, mehr aus dem Bekannten machen: „Die internationale Expansion funktioniert am einfachsten, wenn Ihre Kunden Sie in neue ausländische Märkte mitnehmen.“
- Passen Sie Ihr (Bildungs-)Angebot an ausländische Anforderungen an! Tja, das ist wieder das Thema, mehr aus dem Vorhandenen zu machen: Wer viel mit Wissensvermittlung (ob per Training, Beratung, Projekt, Programmierung …) zu tun hat, wird mehr Aufwand haben. Ansonsten geht es mehr um sprachliche und interkulturelle Anpassung.
- Seien Sie fokussiert! Bedeutet zum Beispiel, sich auf ein enge(re)s Angebot zu konzentrieren statt mit der Gießkanne ran zu gehen. Auf diese Weise schaffen Sie Schritt für Schritt Ihrer Markteintritt – einfach so nebenbei!

Konträre Zielgruppen ansprechen

Wenn Sie Neugeschäft gewinnen möchten und dies in Ihrem Bereich nur durch harte Akquise und Verdrängungswettbewerb möglich wäre, überlegen Sie, diesen Bereich zu verlassen und andere Zielgruppen ergänzend zu bedienen. Das hat häufig den zusätzlichen Vorteil, dass Sie als „echter Externer“ herzlich willkommen sind. Denkbar sind diese Vorgehensweisen:

- Sie haben bisher ausschließlich Business-Kunden bedient? Dann sprechen Sie potenzielle Kunden an – auf den hier im Buch beschriebenen Nebenbei-Wegen -, die Sie in der Privatrolle erreichen. So gewann eine erfolgreiche Führungskräfte-Trainerin (und –Coach) viele Kunden als „psychologische Beraterin mit Philosophischer Praxis“. Natürlich gilt das auch umgekehrt: Zu Privatkunden kommen Firmen, siehe IT-Programmierung!
- Sie haben sich bis dato ausschließlich auf eine Branche konzentriert – auf jene, in der Sie früher als Angestellter tätig waren, die Sie bestens kennen? Welche andere Branche käme infrage? Eine Kollegin von mir, mit Buchverlagen „groß geworden“, also im Medienbereich, weitete ihre Beratungstätigkeit auf Handwerker aus, zum Beispiel für einen Schreinerverband. Ich selbst bin zwischenzeitlich mehr in der Finanzbranche unterwegs denn bei Medien …

- Andere Themen wählen: Eine nach MAT zertifizierte Trainerin (Mentales Aktivierungstraining, Gesellschaft für Gehirntraining) erweiterte Ihren Markt ganz erheblich, indem sie von Schulen, Lehrern, Schülern und Eltern „weg“ dachte – und ebenfalls bei Handwerkern landete: Dort geht es zum Beispiel um Service, etwa das Umgehen mit den Kunden vor, während und nach der Baumaßnahme …

Teilzeitanstellung annehmen

Anfang 2009 schuf die Bildungsministerin Dr. Annette Schavan eine Menge Wirbel, als sie Fach- und Führungskräfte der Freien Wirtschaft dazu aufrief, sich als Quereinsteiger-Lehrer zu bewerben – zusätzlich zu ihrem Job, wohl gemerkt, stundenweise: Die Arbeitgeber sollten sie dafür freistellen – eine Variante, die auch für Sie infrage käme? Ihr Vorzug gegenüber „normalen“ Lehrern ist sicherlich der, wirkliche Praxiserfahrung zu haben, egal zu welchen Fächern, die Sie bedienen können. Das gilt entsprechend für Hochschulen, vor allem: Fachhochschulen, die inzwischen Hochschulen heißen, im Gegensatz zur Universität. Wenn die Stundensätze mit circa 30 Euro auch nicht wesentlich von Existenzminima oder Mindestlöhnen entfernt sind (für Weiterbildner 15 Euro), kann das durchaus ein angenehmes Zubrot sein: Manche Kurse an Volkshochschulen sind zudem öffentlich gefördert, etwa vonseiten der Agentur für Arbeit, und ermöglichen so etwas höhere Stundensätze von 26 Euro je 45 Minuten, also umgerechnet knapp 35 Euro in der Stunde – was für Toppleute alleine sicher kaum Motivation ist – da kommt CSR dazu, Corporate Social Responsibility …

Schöpfen Sie zudem dies aus solchen Quellen:

- Gewinnen Sie Inspiration für Ihre Tätigkeit
- Holen Sie sich Feedback, etwa für neue Formate (Ihres Seminars, Ihrer Beratung usw.)
- Stellen Sie sich auf neue Zielgruppen ein – hieraus kommt der Nachwuchs, das sind Ihre künftigen Auftraggeber, die Sie jetzt kennen lernen
- Bauen Sie sich entsprechend einen zusätzlichen Hoffnungs-Grundstock auf, indem Sie die entstehenden Kontakte pflegen – einfach so nebenbei!
- Lassen Sie sich empfehlen, weil etwa Anfragen aus der Wirtschaft an Schulen und Hochschulen kommen
- Lernen Sie potenzielle Auftraggeber persönlich kennen, die wie Sie dort Stunden geben
- Erweitern Sie Ihr Renommee durch eine Lehrtätigkeit.

So sucht sich die Hochschule München zum Beispiel für ihr Career Center freie Trainer und Berater, um den Studierenden (vor allem höherer Semester) den Einstieg ins Berufsleben zu erleichtern: Soft skills sind das Thema, also Führung, Kommunikation, Team usw. Wer gut ankommt, hat die Chance, einen Lehrauftrag für längere Zeit zu erhalten – dann lohnt der Mehraufwand, überhaupt einmal in die öffentliche Bürokratie (wieder) Einzug zu halten: Polizeiliches Führungszeugnis, Nachweise von Aus- und Fortbildung, Zeugnisse und Referenzen von Arbeitgebern und Auftraggebern. Hilfreich sind Verbandszugehörigkeit und ehrenamtliches Engagement (siehe Geben und geben lassen …).

Auch wenn Sie nur „in Teilzeit" eine Anstellung übernehmen, sind einige Aspekte zu beachten, wie Sie zum Beispiel die Computerwoche in ihrer Ausgabe 10/09 vom 06. März anführt, unter der Überschrift „Arbeiten als Freiberufler oder zurück zur Festanstellung?", und dabei Marc Lutz (von Hays) zitiert:

- *„Arbeitgeber reagieren ab und an skeptisch auf ehemalige Freiberufler, da sie ihnen eine langfristige Bindung an das Unternehmen nicht immer zutrauen ... Bereiten Sie sich auf Fragen nach Ihrer Wechselmotivation gezielt vor!"*
- *„... etwa mit Unterstützung eines Personaldienstleisters. So können Sie diesen kostenlos für sich arbeiten lassen und das perfekte Angebot abwarten, während Sie sich parallel weiterhin auf Ihre freiberufliche Tätigkeit fokussieren."*
- Bedenken Sie dabei jedenfalls auch sozialversicherungsrechtliche Aspekte, ergänze ich für Sie dringend: Sie werden aller Voraussicht nach pflichtig und zahlen neben Arbeitslosen-Beiträgen, die Sie wahrscheinlich nie nutzen können, zudem Beiträge zur gesetzlichen Rentenversicherung – und diese zusätzlich zu Ihrer privaten, die Sie ja weiter bedienen müssen! Kalkulieren Sie das dringend ein, denn auch Sie selbst zahlen – neben dem Arbeitgeber – ein und müssen dies als Abzug berücksichtigen, wenn Sie von einem Brutto-Entgelt auf Ihr Netto schließen …

Alternativ: Interim-Management, also interne Verantwortung übernehmen – auf Zeit. Das geht häufig als Freiberufler, verlangt oft aber auch, einen Anstellungsvertrag zu akzeptieren. Ein möglicher Kontakt für diesen Bereich ist die Cayla Consulting Group, siehe www.caylagroup.com.

Erweitern Sie Ihr Portfolio kreativ und zeitunkritisch

Bleiben Sie strikt bei Ihrem Thema oder Ihren Themen, sparen Sie sich das Geld für Akquise und auch den zeitlichen Einsatz. Ergänzen Sie schlicht Ihr Angebot um alternative Medien:

- Coaching per Telefon: Kommen Sie gut klar, ohne die Körpersprache einzusetzen und die der anderen Person zu beobachten? Der Vorteil am Telefon ist, dass Sie sich aufs Hinhören konzentrieren (können): Mancher Coach schließt im Gespräch bewusst die Augen, genau das zu erreichen. Prüfen Sie, wie gut Ihr Klient, Ihr Coachee damit klar kommt! Führung Sie zumindest das erste Coaching persönlich.
- Beratung per E-Mail: Das kann gut funktionieren, wenn es primär um den Austausch von Fakten geht, also von Ihnen Input erwartet wird. Fordern Sie klares Briefing, also präzise Fragen. Antworten Sie erst nach einem OK zu Ihrem Rebriefing, wenn Sie Unschärfen entdecken. Begleiten Sie die Beratung per E-Mail durch gelegentliche Telefonate oder sogar persönliche Treffen.
- Projektsteuerung per Twitter: Da derlei naturgemäß „intern" ist, hier ein Beispiel fürs Twittern überhaupt: http://twitter.com/Coachforyou.
- Online-Elemente: Berater Joachim Rumohr arbeitet mit Häppchen aus seinen öffentlichen Seminaren zur Nutzung von Online-Portalen und bietet ein mehrstufiges Gratis-Xing-Seminar.

Das ist zunächst ein Appetizer, um potenzielle Interessenten für seine Workshops anzulocken. Im nächsten Schritt wird dann ein Online-Seminar daraus (siehe www.rumohr.de).

- Webinar: Damit setzen Sie noch eins drauf. Die gesamte Trainingseinheit wird ins Web verlegt, in Kombination mit dem Telefon. Alle Teilnehmer haben Internetzugang parallel zum Telefonieren, das eventuell ebenfalls per Internet passiert (Voice over IP). Klasse, hier sparen alle Beteiligten eine Menge Zeit und Reisekosten dazu. Achtung, diese Form hat enge zeitliche Grenzen, ähnlich einer Telefonkonferenz: Maximal zwei Stunden machen Sinn, die Aufmerksamkeit zu fesseln und Ertrag zu bringen.

Damit erreichen Sie je nach Zielgruppe eine zusätzliche Alleinstellung gegenüber Ihren Mitbewerbern, die stur ihr übliches Portfolio durchziehen. Sie erhöhen zugleich den Erfolg der von Ihnen initiierten und durchgeführten Maßnahmen, etwa wegen eines besseren Lerntransfers aus dem Seminar, dem Meeting oder dem Projekt heraus. Und Sie gewinnen Zeit für sich persönlich: E-Mails sind außerhalb der üblichen Kontaktzeiten möglich, Twitter oder Blogs durchaus auch. Telefonieren lässt sich häufig ebenfalls in Randzeiten oder gar am Wochenende, wenn das für Sie wie für den Gesprächspartner in Ordnung ist. Wie Sie die gewonnene Zeit einsetzen, liegt bei Ihnen – vielleicht sogar für Akquise? Oder für Freizeit, denn der Einsatz ungewöhnlicher Mittel verschafft Ihnen so oder so einen Vorsprung im Pull-Marketing: Wenn andere potenzielle Kunden davon hören, werden sie auf Sie aufmerksam und buchen Sie hoffentlich auch einmal.

… und lässt sich deshalb ganz leicht ändern!

Michael Seitner hat einige Wochen Für und Wider verschiedener Modelle abgewogen und schließlich für sich den Zwischenweg gefunden: Er reduziert seine Anstellung auf halbtags und hält die vereinbarten Zeiten strikt ein. Das eröffnet ihm die Chance, künftig alle freien Anfragen aufzugreifen und weit mehr Aufträge anzunehmen – und zwar international, dazu braucht er für seine Arbeit aus der Ferne nicht einmal eine „Niederlassung“: Die Kontakte machen Andere für ihn, deren Subunternehmer er wird. Für die meisten Texte genügt eine Abstimmung per E-Mail und Telefon, sodass er wenig Zeit jenseits der inhaltlichen Arbeit einzusetzen braucht. Sein Ziel ist es, mittelfristig diese freiberufliche Tätigkeit nach und nach weiter auszubauen, um „irgendwann“ zu 100 Prozent frei zu arbeiten. Dieses Ziel SMART zu definieren, gibt er sich selbst einen Zeitraum von zwei Jahren. Derzeit jedenfalls stellt sich für die Beteiligten eine win-win-Situation dar.

Fazit:

Was das Fallbeispiel in umgedrehter Richtung zeigt, kann für Externe eben vom Ausgangspunkt „100 Prozent Freiberufler geht Teilzeit-Verpflichtung ein“ funktionieren. Gerade die Kombination moderner Kommunikationsmedien ermöglicht es häufig, mehrere Projekte neben einander zu realisieren: Was hindert Sie, dies künftig zeitweise stärker eingebunden zu tun? Nach und nach einfach so nebenbei …. „Grenzen zu sprengen“, geht auf vielerlei Weise: regional, inhaltlich oder zeitlich, etwa durch den Einsatz anderer Medien. Wählen Sie aus, was für Sie infrage kommt – und tun Sie´s!

Finale: It´s „Closing-time!“

Den Auftrag abholen: Fragen Sie danach!

Einfach so nebenbei Neukunden zu akquirieren ist wunderbar – dennoch sind Sie zu gegebener Zeit gefordert, sich einen möglichen Auftrag zu sichern, im Amerikanischen mit „closing“ bezeichnet. Was passiert sonst? Sie machen potenzielle Kunden auf wichtige Themen aufmerksam, helfen ihnen, den Bedarf zu erkennen und zu einem Entschluss zu kommen. Die Saat ist aufgegangen, nun bricht die Erntezeit an. Entweder für Sie – oder für einen anderen Externen, der vielleicht schneller ist als Sie und den rechten Zeitpunkt erwischt, siehe CRM im Einstiegskapitel! Damit Sie als Belohnung für geschickte Nebenbei-Akquise eine reiche Ernte einfahren, achten Sie auf diese entscheidenden Punkte:

- **Schaffen Sie die Auftragsabwehr-Abteilung schnellstens ab!**

Dieser scheinbar scherzhafte Begriff meint etwas sehr Ernsthaftes: Vermeiden Sie, Ihrem möglichen Auftraggeber Hindernisse in den Weg zu lesen. Eine ganze Reihe davon haben Sie im Laufe dieses Buches (wieder) kennen gelernt: Zu lange Texte (…), schlecht erreichbar am Telefon (….), wenig Updates im Web (…) usw.

- **Achten Sie auf Kaufsignale Ihrer Interessenten und sonstigen Kontakte!**

Jemand fragt vertiefend auf einen von Ihnen geschriebenen Artikel nach? Möchte mehr zu einem angebotenen Seminar wissen? Bittet um ein Handout, weil Besuch Ihres Messe-Vortrags unmöglich sei? Einige von vielen Beispielen aus dem Alltag von Externen, die dann gerne entsprechend reagieren – indem sie den Wunsch erfüllen. Schön, das sollten Sie natürlich tun. Fragen Sie dann Ihrerseits nach? Wofür verwendet? Wie sonst könnten Sie helfen? Jedenfalls die Daten erfragen Sie, oder? – Klar ist, dass die Frage nach möglichen Terminen ein Signal ist wie auch der Versuch, Sie im Preis zu drücken.

Mein Rat an Sie: Nutzen Sie eine Standardformulierung in dieser Art: „Gerne, Herr Oberhuber, dazu sage ich gleich etwas! Damit ich Sie so berate, wie Sie das für Ihren Bedarf erwarten dürfen, sagen Sie mir bitte etwas genauer, was Sie sich vorstellen, einverstanden?“ So, nun schätzen Sie besser ein, worum es geht – und haben erst einmal den anderen zum Sprechen gebracht. Übrigens natürlich am besten im Dialog, sei er per Telefon oder gar persönlich! Dann nehmen Sie gleich Untertöne wahr und können besser auf Ihren Gesprächspartner reagieren. Schriftlich – also zum Beispiel per E-Mail – fällt das schwerer.

- **Fragen Sie von Zeit und Zeit nach dem Stand der Dinge!**

Auf diese Weise bringen Sie den „Lauf der Dinge“ voran statt nur abzuwarten. Sie finden sicher die richtige Frequenz dafür, interessiert zu erscheinen statt neugierig! Manche Entscheidungen ziehen sich Monate oder gar Jahre hin, dann muss ratzfatz „übermorgen“ alles anlaufen. Entsprechend lästig kann es sein, alle paar Monate – oder auch alle par Wochen! – nachzufragen. Machen Sie es sich leichter und damit auch dem Verhandlungspartner, indem Sie ihn jeweils zum Abschluss eines ergebnislosen Gesprächs fragen:

„Wann macht es Sinn, dass ich Sie wieder anspreche? Sie haben gesagt, es hängt noch ab von ... - und Ihr Geschäftsjahr endet im ... Sollen wir sagen, ich melde mich wieder im ... - es sei denn, bei Ihnen drängt es früher, dann melden Sie sich sowieso?!“.

Wunderbar, nun können Sie auf diese Vereinbarung Bezug nehmen … Achtung, irgendwann wird eine Kette daraus, Ihr Kontakt gewöhnt sich daran, „jein“ zu sagen. Deshalb nehmen Sie sich dies auf jeden Fall vor:

- **Fragen Sie Langzeit-Zauderer, was noch fehlt!**

Empathie ist besonders in dieser Situation gefragt, schließlich wollen Sie Klarheit, ohne den Kontakt schlicht zu verprellen. Wenn es zu Ihrem Naturell, zu Ihrer Ausstrahlung passt, können Sie natürlich Sätze dieser Art bringen:

„Hmm, Herr Oberhuber, jetzt sind wir schon seit … im Gespräch – ich schätze den Kontakt zu Ihnen wirklich sehr! Darf ich offen sein? Ich bin mit meinem Latein am Ende! Was hindert Sie denn um Gottes Willen immer noch, mir den Auftrag zu geben??“ Es soll Fälle geben, in denen das zum Erfolg führt; solches Vorgehen zeichnet jene starken Verkäufer aus, die im angloamerikanischen Raum „Closer“ genannt werden – Sie machen den Deckel zu!

Einfühlsamer sind sicher Formulierungen dieser Art: „ … Was kann ich noch dazu tun, Sie bei Ihrer Entscheidung zu unterstützen?“ oder „ … Was müsste sich ändern, damit Sie sagen: Ja, jetzt legen wir los!’?!“ oder „ … Woran liegt es, dass Sie noch zögern?“. Klares Wording ist auch hier entscheidend wichtig: Sprechen Sie von „Entscheidung“ statt „Überlegung“, von „Auftrag“ statt „Projekt“. Seien Sie sicher, lieber Leser, Sie kommen damit ihrem Ziel erheblich näher!

Und wenn die Antwort ist, alles prima, auch seinerseits werde der Kontakt geschätzt, es dauere halt noch, komme auf jeden Fall …? Dann schlage ich Ihnen vor, Ihrem Verhandlungspartner eine Selbstverpflichtung aufzuerlegen, die zum Beispiel so lauten kann:

„Ich darf mich darauf verlassen, Frau Niedermeier: Wenn Sie im Haus mit Ihrer Entscheidung klar sind, kommen Sie jedenfalls auf mich zu, bevor ein Auftrag erteilt wird? Ich habe verstanden, dass Sie sich mit meinem Angebot für ... so nahe am Idealpunkt fühlen, dass Sie mich auf jeden Fall in der Endausscheidung haben, richtig? Vielen Dank! Dann...“

Mit einem solchen „commitment“ haben Sie eine starke Basis! – Und wozu committen Sie sich?

Tja, lieber Externer - das alles ist Arbeit und kann ebenfalls nebenbei geschehen: Planen Sie derartige Abschluss-Maßnahmen genau so ein wie Ihre vorherigen Schritte, einem Auftrag näher zu kommen – wie in den Erfolgsgesetzen 1 bis 12 für Sie skizziert. Wenn Sie es so nach und nach geschafft haben, einen Kontakt von C über B nach A zu hieven, dann hat er es genau so wie Sie selbst verdient, dass aus diesem „Bratkartoffel-Verhältnis“ endlich was Richtiges wird, nämlich Auftraggeber-Auftragnehmer. Sollte Ihnen das zu verkäuferisch sein, gilt auch hier: Beauftragen Sie eine andere Person damit (siehe …). Entscheidend ist, erteilen Sie den Auftrag! Denn das bedeutet in einem Fall Erfolg, in einem anderen vielleicht Misserfolg … Alles klar? Gutes Gelingen damit! Berichten Sie mir gerne über Ihre Erfahrungen, ich freue mich darauf, dazu zu lernen …

PS: Ihr Autor bietet transferträchtige Fortsetzung in verschiedener Form: Als internen Kreativ-Workshop, öffentliches Aktivierungs-Seminar, persönliches Coaching und telefonische Umsetzungsbegleitung.

Fragen Sie nach Varianten, Terminen, Konditionen:

Telefon 01 72 8 90 82 60,
E-Mail *reiterbdw@aol.com.*

Nützliche, weiterführende Literatur

Baron, Gabriele: Praxisbuch Mailings. Mi/W&W 2009.

Bernecker, Michael: Bildungsmarketing. johanna Verlag, Bergisch Gladbach 2007.

Bernecker, Michael; et aliter: Akquise für Trainer, Berater, Coachs. GABAL, Offenbach 2005.

Fink, Klaus J.: Bei Anruf Termin. Gabler, Wiesbaden 2005.

Gottschling, Stefan (Hrsg): Marketing-Attacke. SGV Verlag, Augsburg 2008.

Kellner, Herbert J.: Was Trainer können sollten. Das neue Kompetenzprofil. Mit CD-ROM. GABAL, Offenbach 2005.

Kuntz, Bernhard: Warum kennt den jeder? Wie Sie als Berater durch Pressearbeit Ihre Bekanntheit steigern und leichter lukrative Aufträge an Land ziehen. managerSeminare, Bonn 2008.

Kuntz, Bernhard: Die Katze im Sack verkaufen. Wie Sie Bildung und Beratung mit System vermarkten. managerSeminare, Bonn 2004.

Kuntz, Bernhard: Fette Beute für Trainer und Berater. Wie sie „Noch-nicht-Kunden“ Ihre Leistung schmackhaft machen. managerSeminare, Bonn 2006.

Lutzer, Birgit: Marketing-Instrumente für Trainer. Die Klaviatur richtig beherrschen. managerSeminare, Bonn 2005.

Mahlmann, Regina: Selbsttraining für Führungskräfte. Beltz, Landsberg 2001.

Musold, Maria A: Außergewöhnliche Kundenbetreuung. Einfach mehr Umsatz – Praxiserprobte Methoden für beratende Berufe. BusinessVillage, Göttingen 2009.

Rankel, Roger; Neisen, Marcus: Endlich Empfehlungen. Der einfachste Weg, neue Kunden zu gewinnen. GABAL, Offenbach 2008.

Reiter, Hanspeter: Effektiv telefonieren – Tipps, Tricks und Gesprächstechniken für Business-Telefonate, GABAL, Offenbach 2008.

Kommunikation per Telefon hat ihre Eigenheiten – und eine Menge Vorteile. Leser lernen viele davon kennen und in ihrer konkreten Umsetzung schätzen: Mithilfe von Leitfäden erarbeitet Leser für vielerlei Situationen erfolgreiche Gesprächsführung.

Reiter, Hanspeter: Handbuch Marketing für Weiterbildner (mit Downloads), zusammen mit Birgit Lutzer, Beltz, Landsberg 2009.

Die 6 Ps erweisen sich als Füllhorn von Maßnahmen, die das vertiefen, was Leser sich aus dem vorliegenden Buch heraus für die eigene „Akquise so einfach nebenbei" vorgenommen hat. Sei es rund ums Internet, das Netzwerken, die Öffentlichkeitsarbeit, mit einem Stapel von Tipps der PR-Spezialistin Birgit Lutzer.

Reiter, Hanspeter: Verlagsratgeber, Input-Verlag, Hamburg 2009.

Mehrere Bände mit Marketing-Tools von Hanspeter Reiter– siehe www.verlagsratgeber.de.

Reiter, Hanspeter: Bei Anruf: souverän, schlagfertig und kompetent – So kommen Sie am Telefon bestens an! Beltz, Landsberg 2003.

Reiter, Hanspeter: 166 beste Checklisten für Callcenter und Telefonmarketing. verlag moderne industrie, Landsberg 1999.

Reiter, Hanspeter: diverse Fachartikel zu Themen rund um „Akquise einfach so nebenbei" – aktuelle Publikationsliste siehe www.reiter-medienconsulting.de!

Ruck, Karin: Kleine Riesen – die besten Marketingrezepte, Redline, München 2008.

Sawtschenko, Peter: Rasierte Stachelbeeren – So werden Sie die Nr. 1 im Kopf Ihrer Zielgruppe (mit Andreas Herden), GABAL, Offenbach 2008.

Schimkowski, Claudia: SOS Neukunden. Wie man Kunden gewinnt, ohne anrufen zu müssen (mit Gerhard Gieschen, Hörbuch gelesen von Britta Diestela). abc-Verlag, Heidelberg 2008.

Schnappauf, Rudolf A.: Verkaufspraxis. verlag moderne industrie, Landsberg 2008.

Schwarz, Torsten: Leitfaden Online-Marketing. marketingBörse, Waghäusel 2008.

Skambraks, Joachim: Verkaufen heißt Zuhören. So fragen Sie sich zum Auftrag. Linde Verlag, Wien 2009.

Vögele, Siegfried: Dialogmethode – das Verkaufsgespräch per Brief und Antwortkarte. verlag moderne industrie, Landsberg 1994.

Weyand, Giso: Allein erfolgreich – Die Einzelkämpfermarke. Erfolgreiches Marketing für beratende Berufe. BusinessVillage, Göttingen 2008.

Weyand, Giso: Sog-Marketing für Coaches. So werden Sie für Kunden und Medien (fast) unwiderstehlich. managerSeminare, Bonn 2007.

Weyand, Giso: Das gewisse Extra. Beratermarketing für Fortgeschrittene. managerSeminare, Bonn 2008.

Bücher für Ihren Erfolg

Marketing/Online-Marketing

Neu 2009

Christian Kalkbrenner
High-Speed-Marketing
248 Seiten • 24,80 Euro
ISBN 978-3-938358-98-6
Art.-Nr. 804

Neu 2009

Wolfgang Hünnekens
Die Ich-Sender
156 Seiten • 17,90 Euro
ISBN 978-3-86980-005-9
Art.-Nr. 808

Topseller

Thomas Kilian
Der Igel-Faktor
256 Seiten • 24,80 Euro
ISBN 978-3-938358-86-3
Art.-Nr. 768

Neu 2009

Eisinger • Rabe • Thomas (Hrsg.)
Performance Marketing – Erfolgsbasiertes Online-Marketing
3. Auflage
372 Seiten • 39,80 Euro
ISBN 978-3-86980-008-0
Art.-Nr. 723

Topseller

Anne M. Schüller
Zunkunftstrend Empfehlungsmarketing
3. Auflage
135 Seiten • 21,80 Euro
ISBN 978-3-938358-63-4
Art.-Nr. 753

Neu 2009

Busch • Kastner • Vaih-Baur
Die Kunst der Marken-führung
174 Seiten • 17,90 Euro
ISBN 978-3-934424-81-4
Art.-Nr. 603

Thomas Kaiser
Top-Platzierungen bei Google & Co.
127 Seiten • 21,80 Euro
ISBN 978-3-938358-49-8
Art.-Nr. 810

Neu 2009

Frank Reese (Hrsg.)
Website-Testing
328 Seiten • 39,80 Euro
ISBN 978-3-938358-58-0
Art.-Nr. 806

Claudia Hilker
WOW-Marketing – Kleines Budget und große Wirkung
110 Seiten • 21,80 Euro
ISBN 978-3-938358-57-3
Art.-Nr. 712

Kalkbrenner • Lagerbauer
Der Bambus-Code – Schneller wachsen als die Konkurrenz
116 Seiten • 21,80 Euro
ISBN 978-3-938358-75-7
Art.-Nr. 755

Frank Reese
Web Analytics – Damit aus Traffic Umsatz wird
2. Auflage
287 Seiten • 34,90 Euro
ISBN 978-3-938358-71-9
Art.-Nr. 693

Godau • Ripanti
Online-Communitys im Web 2.0
214 Seiten • 34,90 Euro
ISBN 978-3-938358-70-2
Art.-Nr. 741

www.BusinessVillage.de • Update your Knowlegde

BusinessVillage – Update your Knowledge!

Edition Praxis.Wissen je 21,80 Euro *

Marketing

546 Telefonmarketing, Robert Ehlert; Annemike Meyer
566 Seniorenmarketing, Hanne Meyer-Hentschel; Gundolf Meyer-Hentschel
567 Zukunftstrend Kundenloyalität, Anne M. Schüller
574 Marktsegmentierung in der Praxis, Jens Böcker; Katja Butt; Werner Ziemen
612 Cross-Marketing – Allianzen, die stark machen, Tobias Meyer; Michael Schade
647 Erfolgsfaktor Eventmarketing, Melanie von Graeve
661 Allein erfolgreich – Die Einzelkämpfermarke, Giso Weyand
712 Der WOW-Effekt – Kleines Budget und große Wirkung, Claudia Hilker

Unternehmensführung

622 Die Bank als Gegner, Ernst August Bach; Volker Friedhoff; Ulrich Qualmann
634 Forderungen erfolgreich eintreiben, Christine Kaiser
656 Praxis der Existenzgründung – Erfolgsfaktoren für den Start, Werner Lippert
657 Praxis der Existenzgründung – Marketing mit kleinem Budget, Werner Lippert
658 Praxis der Existenzgründung – Die Finanzen im Griff, Werner Lippert
700 Bankkredit adieu! Die besten Finanzierungsalternativen, Sonja Riehm; Ashok Riehm
701 Das perfekte Bankgespräch, Jörg T. Eckhold; Hans-Günther Lehmann; Peter Stonn
755 Der Bambus-Code – Schneller wachsen als die Konkurrenz, Christian Kalkbrenner; Ralf Lagerbauer

Edition BusinessInside +++ Neu +++

693 Web Analytics – Damit aus Traffic Umsatz wird, Frank Reese, 287 S., 34,90 €
714 Professionelles Projektmanagement in Kultur und Event, Wolf Rübner; Ulrich Wünsch, 250 S., 24,80 €
741 Online-Communities im Web 2.0, Miriam Godau; Marco Ripianti, 200 S., 34,90 €
756 Trends erkennen – Zukunft gestalten, Ralf Deckers; Gerd Heinemann, 212 S., 34,80 €

BusinessVillage Fachbücher – Einfach noch mehr Wissen

598 Geburt von Marken, Busch; Käfer; Schildhauer u.a.; 39,80 Euro
679 Speak Limbic – Das Ideenbuch für wirkungsvolle Präsentationen, Anita Hermann-Ruess, 79,00 €
688 Performance Marketing, 2. Auflage, Thomas Eisinger; Lars Rabe; Wolfgang Thomas (Hrsg.), 39,80 €
771 Erfolgreich Selbstständig 2008/2009, Detlef Kutta; Karsten Mühlhaus (Hrsg.), 9,95 €
725 BrandNameChange, Hans H. Hamer, 49,00 €
745 Was im Verkauf wirklich zählt!, Walter Kaltenbach; 24,80 €

Sachbücher

603 Die Kunst der Markenführung, Carsten Busch; Sonja Kastner; Christina Vaih-Baur, 160 S., 17,90 €
700 Bankkredit adieu! Die besten Finanzierungsalternativen, Sonja Riehm; Ashok Riehm, 207 S., 24,80 €
730 High Probability Selling – Verkaufen mit hoher Wahrscheinlichkeit, Werth; Ruben; Franz, 228 S., 24,80 €
757 Die Exzellenz-Formel – Das Handwerkszeug für Berater, J. Osarek; A. Hoffmann, 300 S., 39,80 €
769 Selbstvermarktung freihändig, Jens Kegel, 240 S., 24,80 €
782 Außergewöhnliche Kundenbetreuung, Maria A. Musold, 224 S., 24,80 €
788 Ihr starker Auftritt, Eva Ruppert, 170 S., 17,90 €

www.BusinessVillage.de